赤铁矿磁选过程智能优化控制系统的研究

片锦香　刘金鑫　著

中国矿业大学出版社

·徐州·

图书在版编目(C I P)数据

赤铁矿磁选过程智能优化控制系统的研究/片锦香，刘金鑫著. —徐州：中国矿业大学出版社，2023.6

ISBN 978 - 7 - 5646 - 5184 - 8

Ⅰ. ①赤… Ⅱ. ①片… ②刘… Ⅲ. ①赤铁矿—磁力选矿—工业控制系统—研究 Ⅳ. ①TD924

中国版本图书馆 CIP 数据核字(2021)第 220172 号

书　　名	赤铁矿磁选过程智能优化控制系统的研究
著　　者	片锦香　刘金鑫
责任编辑	姜　华
出版发行	中国矿业大学出版社有限责任公司
	(江苏省徐州市解放南路　邮编 221008)
营销热线	(0516)83884103　83885105
出版服务	(0516)83995789　83884920
网　　址	http://www.cumtp.com　E-mail:cumtpvip@cumtp.com
印　　刷	徐州中矿大印发科技有限公司
开　　本	787 mm×1092 mm　1/16　**印张** 8.5　**字数** 162 千字
版次印次	2023 年 6 月第 1 版　2023 年 6 月第 1 次印刷
定　　价	42.00 元

(图书出现印装质量问题,本社负责调换)

前　言

　　赤铁矿选矿是通过原料处理、竖炉焙烧、磨矿、磁选以及精矿处理等工序将赤铁矿中的有用元素与脉石及有害元素进行分离，得到铁精矿并将其作为原料供给钢铁生产的过程。我国赤铁矿资源丰富，但品位较低，选别难度大，磁选是普遍采用的对赤铁矿进行选别的方法之一。磁选过程作为选矿厂整个生产流程中的一个重要环节，其主要任务是将经磨矿工序磨好的粒度合格的矿浆通过磁选机选别为品位合格的精矿矿浆和尾矿矿浆。磁选过程的精矿品位、尾矿品位是衡量产品质量和金属回收率的重要指标，在精矿品位和尾矿品位的目标值范围内尽可能提高精矿品位、降低尾矿品位对于提高磁选过程产品质量、降低消耗、提高金属回收率具有重要意义。

　　磁选过程的精矿品位、尾矿品位难以在线检测，它们与冲矿漂洗水、励磁电流、给矿浓度之间存在强耦合、强非线性等特性，难以用精确的数学模型描述，而且随给矿品位、给矿粒度、矿石可选性、给矿量等的波动而变化。因此，难以采用现有的控制方法对精矿品位和尾矿品位进行控制。磁选生产过程精矿品位与尾矿品位处于人工控制，因而不能保证铁精矿产品质量，造成金属回收率较低。

　　本书依托国家 863 高技术计划项目"选矿工业过程综合自动化系统研究与开发"，以在精矿品位和尾矿品位的目标值范围内尽可能提高精矿品位、降低尾矿品位为目标，开展了赤铁矿磁选过程智能优化控制系统的研究，取得了如下成果：提出了由漂洗水流量、励磁电流、给矿浓度的设定层和回路控制层组成的强磁选过程智能控制方法。研发了实现上述控制方法的智能优化控制软件，研制了智能优化控制软件、PLC、上位机、核子浓度计等检测仪表与变频器等执行机构组成的智能控制系统，并在某赤铁矿选矿厂磁选过程进行安装、调试、工业实验，并投入运行，取得显著效果。本文的主要研究工作归纳如下：

（1）提出的将精矿品位、尾矿品位控制在目标值范围内的智能优化控制方法的设定层由漂洗水流量、励磁电流、给矿浓度的预设定模型和反馈补偿器组成。预设定模型根据精矿品位、尾矿品位的目标值，以及给矿品位、给矿粒度、矿石可选性、给矿量等边界条件和漂洗水流量、励磁电流、给矿浓度的检测值，采用案例推理技术，给出强磁选过程漂洗水流量、励磁电流和给矿浓度的预设定值，反馈补偿器根据精矿品位、尾矿品位的化验值与目标值之间的偏差，通过规则推理，产生漂洗水流量、励磁电流、给矿浓度的补偿值，对预设定值进行校正，从而产生漂洗水流量、励磁电流、给矿浓度设定值，控制回路使漂洗水流量、励磁电流、给矿浓度的实际值跟踪设定值，从而保证强磁选过程的精矿品位、尾矿品位的实际值控制在目标值范围内。

（2）设计开发了实现上述控制方法的智能优化控制软件，研制了由智能优化控制软件、PLC、优化计算机、监控计算机、变频器、电动调节阀、励磁电流整流装置等执行机构，核子浓度计、电磁流量计、电流互感器等检测仪表构成的磁选过程智能优化控制系统。

（3）将上述系统应用于酒钢选矿厂由 10 台强磁选机、1 台浓密机、5 台中磁机、39 台弱磁选机、31 台磁力脱水槽组成的磁选过程，进行了安装、调试以及当矿石可选性、给矿品位、给矿粒度、给矿量波动的情况下，进行强磁精矿品位、尾矿品位的控制实验，并使之投入运行。实验结果表明当矿石可选性等边界条件波动时，该系统能够将精矿品位与尾矿品位控制在目标值范围内。长期运行结果显示，进行强磁精矿品位提高 0.47%，尾矿品位降低 0.87%，从而使综合精矿品位提高 0.57%，金属回收率提高 2.01%。

著　者

2021 年 5 月

目　　录

第1章 绪 论

1.1 研究背景及意义

我国铁矿资源虽然丰富,但贫矿占 90% 左右,而富矿中又有 5% 由于含有有害杂质不能直接冶炼。这些铁矿石经过选矿工艺处理以后,可以有效提高铁矿石的精矿品位,显著降低铁矿石中二氧化硅及其他有害杂质的含量,为后续的冶炼过程提供高质量的原材料。根据长期生产实践所积累的数据计算表明,铁精矿品位每提高 1%,高炉利用系数可增加 2%~3%,焦炭消耗量可降低 1.5%,石灰石消耗量可减少 2%,气体排放量可以减少 0.5%,不仅提高了产品质量,而且降低了能源损耗,减轻了有害气体对环境的污染程度[1]。

赤铁矿在我国铁矿石资源中占有重要地位,但赤铁矿品位偏低,一般为 33% 左右,且脉石成分复杂,连生紧密,选别难度较大。赤铁矿选矿是通过原料处理、竖炉焙烧、磨矿、磁选以及精矿处理等工序将赤铁矿中的有用元素与脉石及有害元素进行分离,得到铁精矿作为原料供给钢铁生产的过程。其中磁选法是目前普遍采用的对赤铁矿进行选别的方法之一。

磁选过程是赤铁矿选矿生产流程中的一个重要环节,其主要任务是将经磨矿工序磨好的粒度合格的矿浆选别为品位合格的精矿矿浆和尾矿矿浆,它是影响选矿生产产品质量的最后一道工序,直接决定了选矿产品铁精矿的质量。

由于磁选过程的精矿品位和尾矿品位难以在线检测,这些指标与漂洗水流量、励磁电流和给矿浓度等之间具有强非线性、强耦合性以及不确定性等复杂特性,难以用精确的数学模型描述它们之间的关系,使得基于数学模型的自动控制、优化控制难以实现。长期以来,磁选过程自动化水平较低,精矿品位和尾矿品位等指标由选矿工艺师和操作员依靠经验进行人工控制,不能适应生产工况的频繁变化,难以将精矿品位、尾矿品位控制在理想的目标值范围内,因而生产效率较低,产品质量得不到有效保证,制约了选矿工业的发展。为了提高赤铁矿选矿生产流程的产品质量、提高生产效率、减少资源消耗、获取更大的经济效益,实现磁选过程的自动控制和精矿品位、尾矿品位的优化控制势在必行。

在此背景下,依托国家 863 高技术计划项目"选矿工业过程综合自动化系统研究与开发",笔者进行了磁选过程智能优化控制系统的研究,并在国内最大的赤铁矿选矿厂进行了工业应用,这对于改变磁选过程自动化水平严重落后的现状,改善生产指标,提高生产效率,进而提升企业的竞争力具有重要意义。

1.2 选矿过程控制技术的研究现状

选矿把矿石加以粉碎,使有用矿物与脉石矿物彼此分离开,然后将有用矿物富集起来,抛弃绝大部分脉石的工艺过程。本节主要介绍选矿工艺及其控制技术的研究现状。

1.2.1 选矿过程工艺简介

选矿生产过程包括从原矿供应到精矿制造完成所经过的全部环节,选矿生产过程通常包括如下几个方面:选前的矿石准备作业、选别作业、选后的处理作业[1]。

典型的选矿过程包括:

· 选前矿物原料准备作业。为了从矿石中选出有用矿物,首先必须将矿石粉碎,使其中的有用矿物和脉石达到单体分离。选前的准备工作通常由破碎筛分作业和磨矿分级作业两个阶段进行。

· 选别作业。选别作业是将已经单体分离的矿石,根据矿物特点确定不同的选矿方法,使有用矿物和脉石分选的工序,它是选矿过程的核心作业。

· 选后的处理作业。绝大多数的选矿产品都含有大量的水分,这对于运输和冶炼加工都很不利。因此,在冶炼以前,需要脱除选矿产品中的水分。选后处理作业主要包括浓缩、过滤、干燥几个工序。

其中,磨矿工序和选别工序是影响选矿产品质量和经济效益的关键工序。

磨矿工序是矿石破碎过程的继续,除了少数有用矿物单体解离度高的砂矿不需要磨矿外,几乎所有的选矿工业都设有磨矿作业。磨矿作业使用最广泛的机械设备是圆筒型磨矿机,其磨矿过程是将物料装入连续转动的圆筒中,圆筒内装入一定数量的不同形状的研磨体,如球、棒、短圆柱(磨段)、大块矿石、砾石等。当筒体以一定速度旋转时,这些研磨体和被加入的物料则被带动而产生冲击、研磨作用,从而将物料磨碎。因此,筒形磨矿机的粉碎作用是外力施加于研磨体上传递粉碎力于被磨物料,故又可以称研磨体为研磨介质。这种磨碎作用称为介质磨碎。

在选矿过程中,根据分选原理的不同,常见的选别方法包括如下几种:

1. 重选法

重选法全称重力选矿法,是根据矿粒间密度的差异,因而在运动介质中所受重力、流体动力和其他机械力的不同,从而实现按密度分选矿物的过程。粒度和形状会影响按密度分选的精确性,各种重选过程的共同特点是:矿粒间必须存在密度的差异;分选过程在运动介质中进行;在重力、流体动力及其他机械力的综合作用下,矿粒群松散并按密度分层;分层好的物料,在运动介质的作用下实现分离,并获得不同的最终产品。它广泛用来选别钨、锡、金等矿石。

2. 磁选法

磁选是在不均匀磁场中利用矿物之间的磁性差异而使不同矿物实现分离的一种选矿方法。磁选方法既简单又方便,不会产生额外污染。磁选法广泛地应用于黑色金属矿石的分选、有色和稀有金属矿石的精选、非金属矿中含铁杂质的脱除以及垃圾与污水处理等方面。磁选法是处理铁矿石的主要选别方法。许多有色金属和稀有金属矿物都具有不同的磁性。当用重选和浮选不能得到最终精矿时,可用磁选结合其他方法进行分选。在重介质选煤或选矿时,多采用磁铁矿粉或硅铁作为加重质,由于作为重介质的悬浮液要循环使用,需要用磁选法回收和净化加重质。非金属原料中一般部含有有害的铁杂质,因而磁选法也成为非金属选矿中重要的作业之一。

3. 浮选法

浮选法全称浮游选矿法,是利用矿物颗粒表面物理化学性质的差异,从矿浆中借助于气泡的浮力分选矿物的过程。在矿浆中加入各种浮选药剂,矿粒对药剂的选择性吸附造成可浮性差异,当矿浆进入浮选机时经搅拌与充气产生大量的弥散气泡,在矿浆中悬浮的矿粒与气泡碰撞,可浮性好的矿粒附着在气泡上,上浮至矿浆液面形成泡沫产品,不浮矿粒则留在矿浆内,这就实现了浮选分离。浮选法是细粒和极细粒物料分选中应用最广、效果最好的一种选矿方法,可用来处理绝大多数矿石,但由于需要添加浮选药剂,选别成本较磁选法要高。

另外,还有根据矿物的导电性、摩擦系数、颜色和光泽等不同而进行选矿的方法,如电选法、摩擦选矿法等。

本书的主要研究赤铁矿的磁选过程,接下来介绍磁选工艺的发展现状。

磁选工艺的发展历史实际上就是磁选机的发展历史[1,2],工业上开始用磁选法分选矿石是在 19 世纪末,1890 年瑞典出现了湿式筒式磁选机,它是现代磁选机的原型。一直到 1955 年,几乎所有磁选机都是电磁的。

1955 年以后,随着永磁材料的研究和应用,磁选机的磁系材料开始采用铝镍钴合金,以后又逐渐应用铁氧体,使得弱磁场磁选机实现了永磁化、系列化、大型化,之后稀土永磁体的研制使弱磁场磁选机的分选效率更高。目前,湿式永磁筒式磁选机已经广泛应用于磁铁矿选别、赤铁矿的焙烧-磁选工艺也大量采用了这种弱磁场磁选机。

19 世纪末，为了选别弱磁性矿物，美国研制出闭合型强磁场带式磁选机。以后苏联和其他国家又研制出强磁场盘式、辊式和鼓式磁选机。但它们的分选空间小、处理能力低、生产成本高。20 世纪 60 年代，琼斯型强磁选机首先在英国问世，是强磁选机的一个重要突破。德国洪堡公司生产的琼斯湿式强磁选机，由于其处理能力大，分选效果好，首次在巴西 CVRD 公司考埃选矿厂用它来处理价值低廉的细粒（+30 μm）赤铁矿石，之后挪威、利比里亚、加拿大、西班牙、美国、瑞典等国家都相继采用了这种 DP317 型琼斯磁选机选别氧化铁矿石。进入 20 世纪 70 年代，高梯度磁选机逐渐发展起来，它能有效回收磁性很弱、粒度很细的磁性矿粒，为解决赤铁矿矿石的分选开辟了新途径。

赤铁矿在我国分布广泛，但大多属于难选的贫矿，品位较低，一般在 33% 左右，脉石成分复杂，嵌布粒度粗细不均，选别难度较大。下面以国内最大的赤铁矿选矿厂——酒泉钢铁公司选矿厂为例来介绍赤铁矿磁选工艺发展状况。

酒钢选矿厂始建于 1958 年，1972 年正式投产，处理矿石为镜铁山桦树沟矿区铁矿石。矿石中有用金属矿物为弱磁性的镜铁矿、镁菱铁矿和褐铁矿；脉石矿物主要有重晶石、铁白云石和千枚岩等。镜铁山铁矿石属沉积变质型，其铁品位一般在 28%～33% 之间，铁矿物嵌布粒度较细，且共生关系密切，是我国难选铁矿石之一。该矿石的化学成分和物相分析分别见表 1-1、表 1-2。选矿厂设计处理量为年 500 万吨，最初为竖炉焙烧磁选工艺，采用 100 m³ 竖炉对 15 mm 以上的块矿进行焙烧，将弱磁性的赤铁矿通过高温还原处理转变为强磁性的铁矿石，然后进入弱磁磨矿磁选流程。弱磁选采用 5 段选别流程，主要设备为半逆流式筒式永磁磁选机和永磁磁力脱水槽，逐级提高矿浆品位[3]。而矿石中低于 15 mm 的粉矿难以用竖炉进行焙烧，后来试图采用沸腾炉、斜坡炉、回转窑进行粉矿焙烧，均未取得可行的结果。这样占原矿约 45% 的粉矿，由于没有找到适宜的选矿方法而堆存，从竖炉投产以来约有 500 万 t。因粉矿未处理，铁精矿产量不能满足高炉的需要，高炉的生产能力不能充分发挥是造成企业多年严重亏损的主要原因之一。

表 1-1 原矿多元素化学分析结果（%）

元素	TFe	FeO	SiO$_2$	Al$_2$O$_3$	CaO	MgO
含量	30.60	6.99	25.00	3.70	0.95	3.55
元素	BaO	Mn	S	P	Ge	烧碱
含量	8.63	0.52	1.86	0.016	0.000 88	8.9

表 1-2 原矿物相分析结果(%)

相别	氧化物中铁	碳酸盐中铁	硅酸盐中铁	总铁
含量	23.97	5.24	1.50	30.71
占有率	78.05	17.06	4.89	100.00

赤铁矿粉矿磁选的研究从 20 世纪 60 年代末开始,国内的几个科研设计和生产部门都做了大量的试验研究工作。酒钢发展粉矿强磁选技术就是从这个时候开始的。1975 年,酒钢与北京矿业研究院、江西冶金研究所等单位合作,进行了电磁环强磁选机、SQC-10-3 型强磁选机永磁笼型强磁选机的实验室和工业试验,但是这三种磁选机,或因场强较低,或因分选时间不足,或因堵塞严重导致选别指标不够理想,均未能用于生产。

几乎与上述试验同期即 1976 年 5~9 月在广东大宝山矿由该矿和酒钢、长沙矿冶研究所、广东矿冶学院、北京矿冶研究院用 Shp-1 型强磁选机(磁场强度为 15 000 Oe)进行了探索试验(一次粗选流程),所取得的指标为原矿品位 31.32%,精矿品位 46.45%,回收率 74.20%。之后进行单机工业性试验(一次粗选、二次扫选流程,入选矿石细度-200 目(75 μm)占 76%,所取得的指标为原矿品位 29.47%,精矿品位 47.90%,回收率 74.20%,各项指标明显优于以前几项试验。因而 1977年酒钢与长沙矿冶研究所协作,制造安装了 5 台 Shp-1000 型强磁选机,并于当年 12 月至 1978 年 7 月在酒钢选矿厂进行了一次粗选、二次扫选流程的工业试验,累计运转了 1 500 余小时,处理粉矿 4 万余吨。取得了以下试验结果:原矿品位 30.61%,精矿品位 47.08%,回收率 74.52%。1977 年,冶金部决定由长沙矿冶研究所和酒钢联合研制 1 台 Shp-3200 型湿式仿琼斯型强磁选机。在双方的共同努力下,该机(即 2 号机)于 1979 年 6 月完成样机的试制和调试,1980 年 8 月在酒钢选矿厂投入工业考核试验。同期酒钢还自行设计试制了 1 台 Shp-3200 型湿式强磁选机(1 号机),也于 1979 年底安装完毕。

上述两台样机的试验结果,得到冶金部 1981 年 9 月组织的鉴定会一致通过。该设备结构合理,运行平稳可靠,选别指标较好而且稳定,之后在国内的大冶、海南、调军台等很多选矿厂得到了广泛应用。Shp-3200 型强磁选机的研制成功,为酒钢粉矿的有效利用开辟了一条新的途径,是酒钢扭亏为盈的主要因素之一。

根据生产的需要,1982 年、1985 年酒钢又自制了 4 台 Shp-3200 型强磁选机。到 1998 年,酒钢粉矿强磁选发展为 10 台 Shp-3200 型强磁选机,生产流程由原有的一粗一扫选别流程改为一粗二扫流程,选矿厂形成了年处理赤铁矿粉矿 220 万 t 级别完整的强磁选别系统[4]。

1.2.2 选矿过程控制研究现状

选矿过程控制的发展始于 20 世纪 50 年代末 60 年代初[5]。由于选矿过程的复杂性和特殊性，限制了选矿过程控制技术的应用及发展，不仅与石油化工等行业比较相对落后，就是与冶金行业中的冶炼、加工等工序相比也落后得多。近年来，由于计算机、控制技术的发展，监控设备及元器件性能的提高与完善，加之选矿过程控制技术在提高选厂劳动生产率、提高产品质量和有色金属回收率、降低成本等方面的显著效果，推动了选矿过程控制技术的发展。

下面从检测技术、过程建模、过程控制等几个方面介绍选矿过程控制技术的研究和应用现状。

1. 检测技术

检测技术是选矿过程自动化的基础，选矿自动化的发展对检测技术提出了更高的要求，通过先进的检测技术可以更深入地了解选矿这个复杂过程的状态信息。检测技术对于选矿生产过程的控制是至关重要的，只有首先检测到参数后才可能实现对其的控制[6]。为了实现对选矿过程的控制和优化，需要检测很多变量，例如，磨矿过程中的矿石粒度和硬度，磁选过程中的磁选产品品位，浮选过程中的矿石可浮性和浮选产品品位，重选中的矿石密度等。然而这些变量难以在线连续检测，往往通过离线化验得到，滞后现象严重，能检测到的变量往往与过程的操作结果没有直接关系，如矿浆的黏度、浮选泡沫的图像分析结果等[7,8]。

为了适应选矿生产控制的要求，在线粒度检测仪、浓度计等在线检测仪器在不断改进，检测精度提高，检测滞后时间缩短，为粒度、浓度等关键变量的在线控制提供了有利的条件。传统的物位、流量、浓度、压力等检测仪器同新技术相结合，在仪器内部集成了微处理器，功能得到扩展，精度、稳定性、可靠性都有很大提高。检测技术的进步极大地促进了选矿自动化技术的普及和提高，对于改进选矿工艺，提高选矿效率发挥了重要作用，如文献[9]提出的多传感器辨识技术就成功应用于不同铝合金的分选过程。

2. 过程建模

选矿数学模型的研究对于促进选矿工艺的发展，选矿流程的设计，以及实现优化控制都具有非常重要的作用。选矿数学模型的研究始于 20 世纪五六十年代，其中对于磨矿过程和浮选过程的研究比较活跃，相对较成熟[10]。

磨矿过程的内部参数若不能进行有效的检测，建模难度就很大。文[11]提出矩阵动力学模型与总体平衡动力学模型，为磨矿过程数学模型研究开辟了一个新领域。文[12]进一步提出了磨矿的动态矩阵理想模型。基于能级关系的

Bond 模型[13]是比较经典的球磨机模型,它的缺陷是只能获得平均粒度,而不能获得粒度分布,因而被目前的国内外较常用的基于物料平衡原理的动态模型[14-16]所替代。国内选矿界建立的磨矿过程相似建模及目标优化的数学模型[17],建立了包括磨机功率、球磨机充填率、磨机产品粒度分布、动力学参数、介质合理配比等方面的数学模型,并形成了自己的理论体系。

浮选过程的泡沫模型可以分为两类,稳态模型和非稳态模型,稳态模型是针对在特定操作条件下浮选泡沫的特性不随时间而变化的系统建立的模型,一般分为三种:平衡浮选槽模型、浮选柱模型和连续浮选槽模型[18]。相反,非稳态模型是针对浮选泡沫特性随时间而变化的系统建立的模型,如分批浮选模型。对于非稳态浮选泡沫模型的研究有助于人们利用分批浮选的数据去预测连续稳态浮选回路中泡沫的影响。非稳态浮选泡沫模型一般分成两类:泡沫对浮选动力学参数的影响模型[19]和泡沫结构的基础模型[20,21]。

对于磁选过程建模方法的研究方面,英国沃林•斯普林实验室的 P. Tucker 等采用现象学方法建立了湿式强磁选机的静态数学模型[22-25],该模型预测了实验室试验分选的结果,并对黑钨矿尾泥的选别流程方案进行了评价,为前期和后续处理方案提供了指导,但由于实际现场工况变化繁杂,矿浆成分难以精确测量,因而该模型难以应用到实际磁选过程的控制中。国内的向发柱等人运用守恒方程、捕集速率方程和夹杂速率方程建立了高梯度磁选过程的非线性动态模型[26,27],并进行了实验分析。现有的研究成果一般局限于实验室试验条件下,而磁选过程的建模技术在实际生产过程控制中应用方面还少有报道。

3. 过程控制

随着计算机技术、控制理论以及检测设备的发展,选矿过程控制研究在过去二三十年内取得了显著进展,特别是处在矿业过程控制研究与应用前沿的南非、芬兰、澳大利亚和加拿大等国家。发达国家在过程控制方面目前已达到很高水平,在许多生产厂家各工序也基本实现自动化,DCS 控制系统被广泛采用,同时随着检测技术和控制技术的发展,如何实现企业所关注的产品质量、产量以及能源消耗等指标的优化控制问题仍在不断进行研究,并主要显现如下趋势和特点:

(1) 人工智能技术的应用是进一步提高过程工业中质量、产量等指标的一个有效方法,它可解决部分传统方法难以处理的问题,扩大系统处理问题的范围,提高控制精度。目前人工智能技术在控制领域的应用已成为研究的焦点。

(2) 流程工业智能优化控制系统的研究表现在结构、功能以及实现方法上面,还有许多未知的因素影响着它的进一步发展,但它带来经济效益与社会效益却是巨大的。

(3) 随着电子技术的高速发展,专家系统、案例推理、现场总线技术和变频装置等新兴技术在复杂工业过程自动控制系统中的应用也越来越广泛,为提高选矿过程自动化的水平创造了良好的条件。

从研究对象来看,选矿生产中各生产过程自动控制的研究水平不平衡,磨矿分级过程发展水平较高,选别过程相对落后,这主要是由于过程特点和数学模型的发展水平所决定的。

由于磨矿过程的数学模型的发展比较完善,使磨矿过程控制的研究得以广泛开展。随着控制理论的发展,磨矿过程控制的研究也由经典控制延伸到智能控制领域,取得了较为全面的研究成果,如 PID 控制[28,29]、多变量控制[30]、智能控制[31]等方法都已经成功应用于实际磨矿过程。在选别作业中,浮选过程的控制水平发展较快,如对于浮选过程泡沫等级的控制[32]。近年来,浮选过程控制策略的设计已经由基于精矿品位的测量取代了基于其他间接变量的测量[33,34]。在选矿生产的其他过程,控制技术也取得了成功应用,如在线湿度检测技术在精矿干燥过程中的应用等[35]。然而,由于磁选过程自动化技术发展较晚,相对水平较低,特别是湿式强磁选过程的控制水平还有待提高。

在选矿领域,很多公司将先进控制技术在实际选矿过程进行了应用。南非 Mintek 公司提出了由过程稳定、过程优化、过程管理三层结构组成的选矿过程综合自动化系统并开发选矿综合自动化平台 PlantStar2000 系统。加拿大 Algosys 公司的 BilmatTM 研发出可用于 MES 的数据调和系统,主要用于实现选矿厂物料平衡。美国 Honeywell 公司采用鲁棒多变量预测控制技术研发了智能磨矿软件包(SmartGrind)和智能浮选软件包(SmartFloat)。其中,SmartGrind,通过分析操作模式、产量、进料质量等动态因素,在保证过程约束的同时,达到磨矿过程优化运行的目标。据报道,利用 SmartGrind 先进控制能使过程稳定,提高矿石处理量,使产品粒度分布均匀,充分利用能源,降低磨矿系统能耗;SmartFloat 可以稳定并增加精矿品位,提高回收率,减少药剂消耗。Svedala Cisa 公司的优化控制系统 OCS 采用专家推理、模糊推理、神经网络、软测量等智能控制技术,并与智能建模技术和优化控制技术相结合,通过优化各个基础回路的设定值实现选矿生产流程的优化运行。该系统已经成功地应用于加拿大、南非、瑞典、坦桑尼亚、荷兰等多家选矿厂。据统计,该产品为每年客户带来的投资回报率从 100% 提高到 500%。南非 Mintek 公司采用软测量技术和优化控制技术开发了与磨矿过程的优化控制相关的一系列软件包,包括磨机优化控制软件包 MillStar、磨矿粒度软测量软件包 PSE、旋流器非接触角度测量软件 CYCAM。该系统通过回路控制和在线优化调整给水设定值和旋流器给矿压力设定值等参数保证了磨矿粒度稳定,通过引入给矿量的摄动自动寻找最佳磨机负荷,以适应矿石性质的变化。该系统可使回收率提高 1%。芬兰 Outokumpu 公司集成了规则、模糊逻辑等智能控制技术和智能建模技术开发了实现磨矿过程和浮选过程的监督控制的软件平台 PROSCON ACT,该系统通过优化各控制回路的设定值实现增加处理量、提高产品质量、提高回收率、降低能耗的生产目标。丹麦 F.L.Smith 自动化公司的 ECS/FuzzyExpert 磨矿过程优化控制软件,它通过集成运行人员的操作经验可以实现磨矿过程的最大处理量、实现期望的磨矿粒度以及非正常工况的保护等功能。

国内的一些大型选矿厂先后引进了国外的自动化产品和技术,但在实际应用中却遇到了不少问题。我国矿产资源虽然非常丰富,但大部分是贫矿、难选矿,品位偏低,矿石成分复杂,生产过程中矿石性质难以保持均匀一致,生产的边界条件波动范围较大。这些特点导致了国外已有的控制技术并不完全适合于我国的实际情况,往往出现"水土不服"的现象。同时,国外选矿技术的核心算法通常是保密的,因而研究和开发适合我国选矿工业的控制技术是十分必要的。

综上所述,选矿过程中的控制技术应用主要集中在磨矿作业,在选别作业尤其是磁选过程的研究较少,而磁选过程又是选矿过程的关键环节,因而对于磁选过程的控制技术进行研究具有重要意义。

1.3　工业过程优化控制技术的研究现状

在工业过程控制中,自动控制和控制器设计的研究集中在保证闭环控制稳定的条件下,使被控变量尽可能更好地跟踪控制系统的设定值。然而从过程工程的角度看,自动控制或者人工控制的作用不仅仅是使控制系统输出很好地跟踪设定值,而且要控制整个运行过程使反映产品在加工过程中质量、效率与消耗相关的指标,即工艺指标在目标值范围内[36,37]。过去的研究都假定可以获得理想的设定值,集中在提高反馈控制的效果,忽略偏离理想设定点的反馈控制不能实现系统的良好运行[38-42]。由于工业过程运行与行业知识密切相关,至今还没有形成适合各种工业过程的优化控制方法。优化控制技术在化工过程中得到了广泛应用,本节首先介绍其在化工过程中的应用状况。

1.3.1　化工过程优化控制技术的研究现状

1.3.1.1　化工过程优化控制方法的研究现状

在化工过程运行中,为了使过程运行的经济收益最大化,实现优化运行的反馈控制引起广泛关注[43]。自优化控制是采用传统反馈控制实现优化运行的控制方法,该方法选择被控变量,通过调整操作变量,使被控变量跟踪定常的设定值,从而使过程运行接近稳态优化[44]。然而,对于某些工业过程,难以选择出合适的被控变量,使系统受到干扰时,保证过程运行尽可能接近经济优化状态。实时优化(RTO)将调节控制与过程运行的优化结合起来,采用两层结构,上层采用精确非线性静态过程模型优化经济性能指标,产生底层控制回路的设定值,通过底层控制系统跟踪设定值,尽可能使过程运行在经济优化状态。由于 RTO 采用静态模型,当出现干扰时,被控系统达到新的稳态时才能进行优化。因此优化滞后,难以适应运行条件的变化。稳态优化与模型预测控制相结合来解决 RTO 层非线性稳态优化控制周期过长和回路控制周期相对快的不一致性[45]。直接在线优化控制方法采用非线性模型预测控制,将经济性能指标作为预测控制的性能指标,在有限步长内在线优化经济性能指标[46]。该方法要求精确的非线性过程动态模型。

1. 自优化控制

波兰学者 Findeisen 首先提出了稳态递阶优化控制的概念[47]。这一方法的主旨是引用全局和局部反馈来得到一个次优解,并给出了利用反馈信息进行迭代协调最优控制设定点的各种算法,并对解的存在性及次优性和算法的收敛性进行了详尽的理论分析,对于在实际工业过程如何分解——协调和确定目标函数的问题进行了实际研究。国内以万百五[48]为首的课题研究小组在稳态递阶优化中提出双迭代思想。并将随机稳态最优控制推广到广义稳态优化控制。Morari 于 1980 年在 Findeisen 等人的工作基础上提出了自优化控制(self-optimizing control)思想[49]。自优化控制的基本思想是:以工业过程的经济效益等为目标函数,在满足工业过程的各种约束条件(例如各种设备的生产能力和产品的质量要求)的情况下,寻找一组合适的被控变量,并将该组被控变量的设定值固定为合适的常数。如果工业过程受变量波动、测量误差等干扰因素影响时,不需要改变被控变量的设定值,实际工况仍然可以处在近似最优操作点上,即工业过程的实际目标函数与最优目标函数的偏差在合理的、可以接受的范围内[50]。

自优化控制的关键是根据目标函数和约束条件,如何选择一组合适的被控变量,并将其设定值固定为一组合适的常数。针对不同的控制目标和不同的工业对象,如何选择合适的被控变量是工业过程中所关心的重要问题之一[51]。文[50]指出被控变量需要满足以下的条件:

① 被控变量对扰动不敏感;

② 被控变量容易检测和控制;

③ 被控变量对操作变量的变化敏感;

④ 当存在多个被控变量时候,被控变量之间应该是相互无关。

自优化控制可以在外界扰动发生变化时,通过调节过程的操作变量使被控变量保持不变的方法来保证工业过程在近似最优或最优操作点处工作,使工业过程的实际目标函数与最优目标函数的偏差控制在合理的、可以接受的范围内。自优化控制可以离线一次运行[52]，避免了在线反复确定优化设定值的工作。由于自优化控制具有良好的鲁棒性，同时简单易于实现，因此，自优化控制率先在化工行业得到了广泛的应用并取得了良好的优化控制效果，如法国硫黄生产联合企业的优化生产[53]和国内大型合成氨装置[54]、蒸馏/精馏过程[50,51]、加氢脱烷基（HDA）过程[55]、循环制冷过程[56,57]、循环反应器过程[58]、汽油配料过程[52]等。

由于自优化控制是基于过程稳态目标函数的优化控制方法，忽略了工业过程中广泛存在的动态特性，而且对于某些工业过程，难以事先判断出是否存在合适的被控变量[59]，需要根据文[50,51]的步骤进行反复凑试，特别是对于干扰源众多或者干扰变化幅度较大的工业过程来说，难以确定出合适的被控变量或者根本找不到自优化控制中合适的被控变量。

2. 实时优化控制（RTO）

RTO 是最佳设定值的在线计算，又称实时优化 RTO（real-time optimization），是在满足操作约束条件的情况下使得过程的利润达到最大化或者成本最小化。RTO 用于协调各过程单元，并给出每个单元的设定值。实时优化控制方法由文[60]提出的，建立了调节控制与被控对象的经济优化之间联系的有效方法。实时优化系统是基于模型的上层控制系统，采用闭环方式运行，并为下层控制系统提供设定值，以使过程尽可能运行在接近经济最优的状态。最优设定值有时可能天天变化，有时可能在一天内就发生变化。

典型的 RTO 采用如图 1-1 所示的优化设定层和过程控制层组成的两层结构[47]。优化设定层用来计算优化设定点，过程控制层执行优化设定点，并提供相关过程变量数据。其中计划和调度系统提供产品指标（例如，产品、质量参数的需求）、成本函数的参数（例如，产品、原材料的价格，能量指标）和约束（例如，原材料的供应情况）。过程控制层提供过程所有相关变量的真实数据。这些数据需要在系统达到稳态后进行采集得到。在数据经过严格处理后对系统模型的参数进行估计，以便使模型更好地符合当前的操作条件，从而使系统模型在当前（稳态）操作点尽可能准确地描述系统的真实状态。最后在已经更新的系统模型基础上来计算出系统的最优操作点，使得在满足设备、产品规范、安全和环境规章约束以及工厂管理系统经济约束条件下，优化经济成本函数。当获得最优操作点之后，需要再次判断当前的系统是否处于稳定状态，若系统不是处于稳态工况，则仍然需要重复以前的步骤，若判断系统处于稳定状态，就可以把产生的优化设定点下装到底层的控制器中。过程控制层将这些值作为设定点，利用可用的控制自由度，完成适当的控制动作。

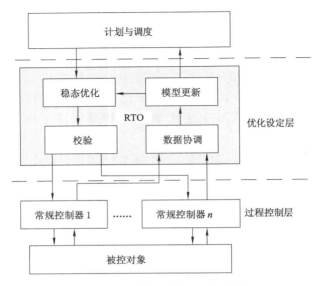

图 1-1　实时优化控制结构层次图

从上述步骤可以看出,系统稳态的检测是非常重要的,一般对系统的几个关键的元素(比如压力,流量,温度等等)在一定时间内(如 1 h)采用统计的方法进行方差和均值分析来确定过程是否满足稳态条件。此外也可以对一段时间主要过程变量采用不同滤波时间常数进行滤波计算,根据其差异大小来确定工况是否处于稳态。实时优化系统采用稳态的过程模型,且只有系统近似达到稳态时才进行优化,因而相邻两次实时优化之间的间隔必须足够大,这样经过最后的指令动作后,系统才能够达到新的稳态。因此采样周期必须大于被控过程最大稳定时间常数。

实际上,工业过程是异常复杂的,尽管通过分解成子系统,可以减少子系统的变量,但是却不能消除系统本身的非线性特性。而输入输出过程模型如果需要在线运行,经常需要简化为线性模型,即使模型与实际系统的差异可以通过反馈不断修正,但是前提是这种差异需要在一定范围内。另外,即使模型差异不大,由于要通过不断补偿和修正获取次优解,往往存在算法复杂,难以保证收敛以及迭代次数多等问题。实时优化是基于系统的稳态模型,在系统处于稳态条件下及在被控变量和操作变量各种约束下计算出底层控制器的设定点。然而在很多的系统中由于存在着循环回路,传输的延迟等因素,系统具有很长暂态的动态特性,有时甚至持续好几天,这时系统达到一个新的稳定状态需要花费很长的时间,这将大大地限制了实时优化的执行频率。并且从稳态模型计算出来的优化操作点也许是次优的,甚至由于暂态的动态特性,模型失配和干扰等因素,局部单元的设定点是不可行的[61]。所以在这种情况下,传统的实时优化大部分的时间是等待系统处于稳态,不能抓住优化的机会,不能解决全局的约束行为。一些学者针对 RTO 采样周期长这一缺陷提出了优化层小周期采样的方案。Sequeira 等人在文[62]中提出了利用稳态过程模型和可测变量,以较短的时间间隔改变回路层的设定点,为了减少计算时间采用启发式搜索完成设定点的"实时演变"。在每一步计算中需要限制决策变量的步数以避免过辐射行为。文[63]中讨论了精馏塔的在线优化控制策略,该文中提出了对精馏塔装置进行稳态优化,以实现在产品性质约束条件下的经济成本函数的优化,并以 1～2 小时的采样频率将计算的操作变量值和模型参数直接应用到被控对象上。快速 RTO 的采样策略,由于时间范围尺度难以把握,在采样周期非常短时,RTO 与回路控制层的结合可能会产生不可控的结果,只能通过"减速"的方法避免这种情况的发生[64,65]。

3. RTO/MPC 集成优化控制

为了克服以上实时优化的缺点,许多研究者提出了动态优化的策略:考虑底层局部单元的动态特性,不用等到系统处于稳态时就可以进行优化,尽可能地加快优化的执行频率。此时的动态优化不是基于系统的稳态模型,而是基于过程的动态模型。模型预测控制(MPC)因其时域特性、基于优化的表达形式和处理约束的自然能力,被工业界普遍接受。工业中经常采用所谓的 LP-MPC 和 QP-MPC 两阶段的 MPC 结构,以缩小低频非线性实时优化 RTO 层与相对快速的线性 MPC 层之间的失配[66-70]。文[71]对其性质进行了详细分析。其结构框图如图 1-2 所示。

上层 MPC 层的任务是使用 RTO 层和 MPC 层的信息,通过求解受限线性或二次优化问题,计算被控变量和底层 MPC 层操作输入量的设定点。该层采用与底层 MPC 控制器相同的采样周期。这一结构包含以下几个内容:

(1) 扰动产生时,设定点实现快速改变;

(2) RTO 层非线性稳态模型和 MPC 线性稳态模型矛盾的减少;

(3) 避免了设定点变化较大而可能导致线性控制器不稳的问题;

(4) 由 MPC 控制器实现的期望指标偏差的分布被明显地控制和优化。

中间优化层的对象模型和偏差估计与 MPC 层的相同,这样可以避免失配的矛盾。选择成本函数的权值和线性约束条件,就可以估计 RTO 层当前工作点的非线性成本函数和约束。只要估计足够好,优化操作就会进一步得到保证。

RTO/MPC 结构的优点在于提供了控制层和优化层任务的清晰界限。这一界限是由时间尺度和模型决定的。严格的非线性模型只用于实时优化层。这

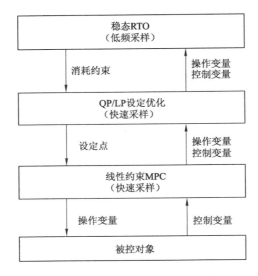

图 1-2　两层 MPC 的设定点优化结构

样的模型在系统设计阶段就可以得到,因此建立这样的模型不需要耗费太多的额外工作。控制算法基于线性模型,这些线性模型可以从系统数据中得到,优化层和控制层的模型一般来说不完全一致,尤其是它们的稳态增益可以不同。

对于工艺指标与控制回路输出之间的动态特性可以用线性模型描述的工业过程采用模型预测控制技术通过优化设定控制回路设定值,使控制回路输出跟踪设定值,从而将实际工艺指标控制在目标值范围内[72,73]。例如文[74,75]介绍了基于 MPC/优化控制的混合优化策略的 FCC(流体床催化裂化)设备的问题描述、求解和工业应用。在实际的石化 FCC 装置上对优化/LMPC 混合控制器进行了实施和测试。该优化控制的经济性能和暂态性能相当好,说明集成控制策略的实施效果要远好于传统的控制策略,在传统的控制中操作者凭借经验选择设定点,并用常规的 MPC 控制策略实施跟踪控制。成本函数不同部分的最终权重通过试验决定。

4. 直接优化控制

直接优化控制是将优化问题和控制问题同时解决的一种方法,该方法能够将调整控制和约束控制统一起来。在实际应用中,需要将线性 MPC 控制器替换成非线性 MPC 控制器,这已经在化工行业的聚合过程得到应用[76-79]。如果非线性模型预测控制应用在设定点的优化或者优化策略上,只需要将传统的关于被控变量偏差的二次规划指标替换成经济指标。因此,输出约束(严格的产品分类)及过程限制可以直接包含在优化问题里。这种方法对比实时优化/线性

MPC 策略具有以下优势：

(1) 对干扰可以快速反应，而不必等到稳态；

(2) 在调节约束变量到设定值的问题上，避免了仅仅将约束变量调节到与设定值的误差进入一定范围内的近似调整，可以根据实测变量进行精确的调节，只需考虑由于不可测的约束变量产生的模型偏差；

(3) 避免了过调节，不必将变量调节在设定值上，可以利用所有的控制自由度进行过程性能的优化；

(4) 避免了由于不同层的不同模型产生的模型失配问题；

(5) 由于经济优化指标损耗和调节难度，经济指标和过程约束不必与控制损耗相匹配；

(6) 整体策略结构简单。

由于采用经济损耗指标及以过程和产品的性能要求作为计算约束，从而降低了对不精确模型的权值调节的需求。Exxon 用到的 NMPC 技术采用关于参考跟踪、操作损耗和控制动作的混合指标。另外一个成功应用的例子是文[80]将直接优化控制方法应用在汽油调和过程中。

综上所述，自优化控制是采用传统反馈控制实现优化运行的控制方法，该方法选择被控变量，通过调整操作变量，使被控变量跟踪定常的设定值，从而使过程运行接近稳态优化[50]。然而，对于某些工业过程，难以选择出合适的被控变量，使系统受到干扰时，保证过程运行尽可能接近经济优化状态；实时优化(RTO)将调节控制与过程运行的优化结合起来，采用两层结构，上层采用精确非线性静态过程模型优化经济性能指标，产生底层控制回路的设定值，通过底层控制系统跟踪设定值，尽可能使过程运行在经济优化状态[47]。由于 RTO 采用静态模型，当出现干扰时，被控系统达到新的稳态时才能进行优化。因此优化滞后，难以适应运行条件的变化；实时优化与模型预测控制相结合来解决 RTO 层非线性稳态优化周期过长和回路控制周期相对快的不一致性[45]；直接在线优化控制方法采用非线性模型预测控制，将经济性能指标作为预测控制的性能指标，在有限步长内在线优化经济性能指标[76]。

1.3.1.2 优化控制技术产品的工业应用状况

自 20 世纪 80 年代以来，工业过程的优化控制问题变得日益重要，美国、英国、加拿大、法国等专门从事控制与优化的公司，纷纷推出了自己的优化控制软件产品，并广泛应用于几百家大型石化、化工、炼油、钢铁等企业，取得了显著的经济效益。1996 年美国 Aspen Tech 公司先后收购了 Setpoint 和 DMCC 等公司，推出了 DMC-Plus 控制软件包和 RT-OPT 在线优化软件包。而 Honeywell 在兼并了 Profimatics 公司后，也推出了最优化软件产品 Profit Suite。表 1-3、表

1-4 列出了国外几家著名公司开发的基于 MPC 技术的优化控制软件[76]，其中
Continental Controls、DOT Products、Pavilion Technologies 等公司以提供非线
性 MPC 软件产品为主。

表 1-3　基于线性 MPC 技术的产品和公司

公司名称	产品名称	产品描述
Adersa	HIECON	分层约束控制
	PFC	预测控制
	GLIDE	辨识包
Aspen Tech	DMCplus	动态矩阵控制包
	DMCplus-Model	辨识包
Honeywell Hi-Spec	RMPCT	鲁棒预测控制技术
Shell Global Solution	SMOC-II[a]	壳牌石油公司的多变量预测控制
Invensys	Connoisseur	控制和辨识包

注：SMOC-I 技术曾授权给 MDC 技术公司和横河公司。壳牌的全局解决方案应用的是目前市场上
的 SMOC 技术。

表 1-4　基于非线性 MPC 技术的产品和公司

公司	产品名称	产品描述
Adersa	PFC	预测控制
Aspen Tech	Aspen Target	非线性 MPC 包
Continental Control，Inc.	MVC	多变量控制
DOT Products	NOVA-NLC	NOVA 非线性控制器
Pavilion Technologies	Process Perfecter	非线性控制

　　以 MPC 为核心技术的优化控制产品很大程度上取决于所使用的过程模
型。现有的 MPC 优化控制产品中使用的模型主要有非线性机理模型、非线性
经验模型和线性经验模型几类。其中经验模型是利用过程的测试数据建立的，
在测试数据之外，预测精度通常难以保证；机理模型是通过质量和能量平衡方程
建立的，开发成本相对较高，但对过程的预测精度也较高。在 MPC 技术的实际
应用中，多采用数据和机理相结合的建模方法得到的模型，即使用过程的测试数
据估计机理模型的关键参数，或用调整经验模型描述过程的物理特征。非线性
机理模型一般是由质量和能量平衡方程的推导得到的。这些模型能够预测很宽
范围操作条件下的过程行为。机理模型通过使用过程数据校验来估计关键参

数。未知模型参数例如热传导系数和动力学常数等可以用测试数据离线辨识得到，或者使用扩展卡尔曼滤波器(EKF)进行在线辨识。一个典型的过程模型可能包含 10～100 个微分代数方程。

由于非线性机理模型的建立比较困难，目前 MPC 的实际应用中绝大部分采用线性经验模型，大多数的 MPC 产品也都使用这种类型模型，如 Aspen 公司的 DMC 和 Honerwell 公司的 RMPCT 等，尽管模型的结构各种各样，但它们都是在操作点附近线性化而得到。

非线性 MPC 产品中使用 2 种基本的非线性经验模型。如 Aspen 公司的优化控制产品使用了一个离散时间的线性模型来描述状态动态，输出方程包含一个线性项和非线性项的和，其中非线性项通过神经网络获得[81]。另一类非线性建模方法是过程完全建模方法，其基本思想是将过程输入输出非线性分解为稳态非线性项和线性动态项两部分[82,83]。

统计数据表明，以 MPC 技术为主的优化控制软件的应用超过 4 600 例，其中 1995 年以后的应用案例超过 2 200 例，并且数量还在不断增加。值得注意的是这些应用从单变量到几百个变量的都有。实时优化技术应用范围广泛，应用最多的是在精炼和石化领域，占总数目的 67%；增长较快的领域包括化工、造纸、食品加工、航空以及汽车业。

AspenTech 和 Honeywell Hi-Spec 公司的产品主要应用于精炼和石化行业，在其他工业领域的应用较少。Adersa 和 Invensys 公司的产品主要在食品加工、矿业/冶金、航空和汽车制造等行业应用的较多。SGS 的产品包括在 Shell 公司应用的 SMOC 控制器，SGS 公司的产品应用有向精炼和石化行业转移的趋势。

对于线性 MPC 的应用方面，AspenTech 倾向于使用一个控制器来解决一个大系统的控制问题，典型的应用案例是对石蜡生产过程的控制，据报道该过程有 603 个输出变量和 283 个输入变量。而其他公司更倾向于将大系统分解为子系统。非线性 MPC 应用范围比较均衡，其应用领域包括化工、聚合物生产、气体生产等。由于 NMPC 的计算复杂，因此其应用要远远少于线性 MPC 的应用[84]。

优化控制软件产品的使用为企业带来了显著的经济效益。根据 DMCC 公司的资料介绍，用 DCS 实现常规控制，其投资约占总投资的 70%，取得的经济效益约占总效益的 10%。在常规控制的基础上，增加 10% 的投资实现先进控制，可取得约 40% 效益，如果再增加 10% 的投资，采用优化控制技术，可进一步获得 40% 的效益[85,86]。例如，通过技术改造采用先进控制和优化控制技术后，美国杜邦公司每年可节省 5 亿美元运营成本；马来西亚国家石油公司一炼油厂采用了先进控制和优化策略后,年增效益 570 万美元;美国 Valero 炼油公司采用动态矩阵多变量预测控制技术后,产能提高了 4.6%;我国齐鲁石化公司炼油厂催化裂化反应再生系统引进美国 Setpoint 公司的多变量预测控制(ID-COMM)技术,系统投运后,再生烟气氧含量降到 2.3%,轻质油收率提高 2.8%,年增效益超过 387 万元人民币。

近年来,国内对于优化控制技术的研究也取得了较大的进展,其中浙江大学先进控制研究所与法国 Adersa 公司合作进行了"先进控制及优化"工程化软件包的研究开发工作,充分吸收国际上的先进技术,相继开发成功了 APC-Hiecon 多变量预测控制软件包、APC-PFC 预测函数控制软件包等,形成了适合国内实际情况的先进控制及优化商品化软件体系 APC Suite,大力推动了我国先进过程控制与优化技术的发展。

1.3.2 其他工业过程优化控制方法的研究现状

实际工业过程的工艺指标往往难以在线测量,与底层控制回路的设定值密切相关,它们之间的动态特性常常具有强非线性、强耦合、难以用精确数学模型来描述、随工况运行条件变化而变化的综合复杂性,难以采用已有控制方法,只能靠人工设定控制。当工况变化频繁时,不能及时准确地调整设定值,常常造成故障工况。例如,在冶金生产中针对赤铁矿磁性较弱的特点,采用强磁选过程对赤铁矿矿石进行选别的过程中,反映整个选矿生产的产品质量和经济效益的工艺指标——精矿品位、尾矿品位难以在线测量,并与漂洗水流量、励磁电流、给矿浓度这些变量密切相关,同时受工况条件影响,它们之间的动态特性具有强非线性、强耦合、难以用精确数学模型描述、随工况运行条件变化而变化,只能靠操作人员凭经验给出控制回路设定值。当给矿品位、给矿粒度、矿石可选性、给矿量等频繁变化时,靠人工不能及时准确判断工况和调整设定值,将会使控制系统性能变坏甚至造成瘫痪。因此优化层的运行不仅关系到生产过程的质量、效益和消耗等方面的指标,而且关系到安全与稳定运行。

对于能够找到数学模型精确描述系统特性的过程,现有的优化技术可以取得有效应用。文[87]针对两段回转窑型城市固体废料(MSW)焚化炉提出了一个非线性、稳态的优化模型。基于 MSW 的处理原则提出了优化目标函数,即减小体积、消除放射性污染以及回收能量。受限约束主要考虑 3T 操作准则即操作需满足时间、温度和紊流三方面准则,另外考虑可允许的输入热量的限制。在贴板干燥机优化控制中也应用了相似的优化控制策略[88]。文[89]采用模型预测控制技术,将磨矿系统模型引入到多变量脉冲响应或者权值函数矩阵中,设计思想是基于消除稳态误差和相互之间的耦合作用设计的。文[90]主要针对经济利益和工艺约束条件研究了磨矿工艺的动态优化问题。文[91]中介绍的污水处理过程采用直接优化方法进行优化。

对于工艺指标与控制回路输出之间的动态特性难以用数学模型描述的复杂工业过程,如步进式加热炉、层流水冷却过程,提出了由回路控制层与监控层组成的控制方法来将实际工艺指标控制在目标值范围内。如文[92]针对热轧层流冷却过程将常规控制与智能控制技术相结合,提出了一种混合监控方法,来改善最终产品的性能;文[93]提出了基于集成控制的优化设定方法,应用于 6 段步进梁式加热炉,改善了梁坯的加热效果;文[94]采用由回路控制层与监控层组成的控制方法,由智能回路设定模型给出热轧带钢层流冷却过程冷却区内需要打开的阀门数,将带钢卷取温度控制在目标值范围内。文献[95]对加热炉每段的温度设定问题,通过机理分析和专家规则,借助于统计过程控制(statistical process control,SPC)[96]机制,建立了每段炉温的优化设定模型,并针对炉温的设定值设计了专家补偿器,可以适应频繁变化的边界条件及抵抗外部干扰对系统的影响,自动更新炉内每段温度的设定值,取得了一定的成效。到目前为止,这种控制方法只适用于特殊的工业过程。

对于越来越复杂的控制对象,一方面,人们所要求的控制性能不再单纯局限于一两个指标,另一方面,许多实际工程问题很难或不可能得到其精确的数学模型,导致典型传统的优化方法难以实现。在实际的生产过程中会产生大量的实际运行数据,操作员对生产数据进行不断分析和总结,才得以正确选择新的优化操作条件。目前工业生产过程中多采用人为给定设定值的计算机控制,或者通过先进控制技术来完善控制结果。总而言之,现在仍脱离不开操作员的参与。计算机技术的发展,使工业生产过程的智能优化控制成为可能。人工智能方法是从各方面模拟人类智慧而形成的广泛的计算方法,引入智能优化控制技术,就可以将生产数据和操作员的经验结合考虑,模拟操作员的动作。例如文献[97]针对冷连轧机轧制规程的优化设定问题,以板厚板形为目标函数,采用智能化方法——免疫遗传算法(IGA)对冷连轧机轧制参数进行优化,应用实例证明其性能优于传统优化方法,可获得满意的综合效果;文献[98]针对炼铜转炉的铜锍最佳入炉量、熔剂和冷料加入制度、鼓风制度的优化设定问题,采用基于人工智能和解析方法相结合的集成建模方法研制了一套优化操作智能决策支持系统,应用后提高了炼铜转炉的利用系数。智能技术中,由于案例推理技术和专家规则推理技术可以效仿人的经验与知识进行推理,利用完备的案例库和规则库,可以避免人工操作的主观性和随意性,同时,操作员的经验与知识对智能系统的开发提供了一个良好的品质模型,案例推理技术和专家规则推理技术成为复杂工业过程控制的一个有效工具。

案例推理(case-based reasoning,CBR)是利用过去经验中的特定知识即具体案例来解决新问题的一种类比推理方法。Schank 在 1982 年出版的专著 *Dynamic Memory：A Theory of Learning in Computers and People* 第一次系统地阐述了案例推理的思想。案例推理适用于在没有很强理论的模型和领域知识不完全、难以定义或定义不一致而经验丰富的决策环境与对象中,比如复杂工业过程,由于其环境复杂、任务复杂、对象复杂,通过机理建模或其他智能建模方法来实现模型控制和优化控制显得力不从心,而案例推理技术却能够胜任。诊断、设计、软件工程、语言理解和法律法规等领域是案例推理的传统强势领域,案例推理在这些领域已得到大量成功的应用。同时,案例推理在自动控制中也得到了应用。文[99]将案例推理用于机器人导航系统中,Ram 等人在传统的机器人导航控制系统的基础上,增加了一个案例推理模块,利用案例推理动态选择和实时修改导航系统中机器人运动行为的参数,完成机器人在动态环境下的在线学习功能。在不熟悉的动态环境下,该系统能够满足实时控制的要求,并显著提高导航系统的灵活性。案例推理在工业过程建模与控制中的应用系统报道很少。文[100]采用案例推理技术设计了竖炉焙烧过程的容错控制器。以故障工况类型、控制回路输出值、鼓风机频率、加热煤气阀门开度、炉顶废气温度、炉体内部负压、煤气、加热空气压力及边界条件等作为案例推理系统的输入,以燃烧室温度设定值、还原煤气流量设定值、搬出时间设定值为系统输出。包括案例检索、案例重用、案例修正和案例储存几个步骤完成案例推理。当工况条件发生变化时,案例推理系统能及时动态改变燃烧室温度设定值、还原煤气流量设定值、搬出时间设定值。由于热轧带钢层流冷却过程模型的关键参数与带钢的硬度等级、带钢厚度、带钢进入冷却区的表面温度、速度之间的关系难以采用数学模型精确描述[101],作者采用案例推理技术建立了层流冷却过程边界条件与模型参数之间的模型,经过案例推理的几个步骤,随着边界条件的变化动态改变模型参数,提高了层流冷却过程的带钢温度预报精度。文[102]做了进一步的工作,即使对于一条带钢来说,每个采样点的带钢入口温度、入口速度、入口厚度也不尽相同,在文[101]获得不同工作点上的模型参数后,采用案例推理技术补偿不同采样点的带钢入口温度、入口速度、入口厚度偏差,进一步提高了层流冷却过程的带钢温度预报精度。文[103]将案例推理技术与 ART-Kohonen 神经网络结合,提出了一种新的智能故障诊断方法。当需要解决一个新的问题时,首先利用神经网络对该问题进行假设,以此引导 CBR 查询相似的历史案例从而支持某一个假设。综上所述,案例推理技术无论是在工业过程建模,还是在容错控制、故障诊断上都有很好的应用前景,特别适用于无法建立精确的数学模型。而经验知识丰富的复杂工业过程,无须太多的领域知识,只要通过收集以往的案例就可以获取知识,从而避开了"知识获取瓶颈"的问题。

基于规则的推理(rule-based reasoning,RBR)是基于知识的专家系统中最常见的一种。规则推理系统、专家系统与智能专家系统具有相同的含义。基于规则的推理(RBR)系统是运用以前解决了问题已经建立的规则来解决新的问题。基于规则的推理的优点在于修改方便,并且由于知识库与推理方法是分离的,所以方便添加新的规则到知识库中。传统的工业过程控制方法以精确的数学模型为基础,而对于复杂的工业过程往往不能采用数学模型对其精确描述,但是一个经验丰富的操作员可以根据经验知识实现工业过程的控制。这里所说的经验知识,是指人们思维时所遵循的准则,经验知识很容易转换成用更形式化的方法表示的规则,因此规则是一种最简便的知识表示法。规则表达知识不仅具有易于理解和处理简单明了的特点,而且每条规则可独立表达一个意思便于修改和模块化。基于规则的推理的专家系统在工业过程得到了广泛的应用。文[104]提出了基于专家规则的故障诊断方法,经过专家系统的规则推理诊断出故障工况。长期以来,竖炉的故障工况主要由操作者通过观察炉体表面的现象依据经验知识进行工况诊断。文中根据磁选管回收率预报值、控制回路的输出值、燃烧室温度变化率、鼓风机频率及矿石粒度等边界条件,采用专家规则推理技术诊断出故障工况类型。文[105]给出了专家系统在催化裂化故障诊断中的应用。利用该方法开发了许多大型的系统,并促进了非结构化规则推理系统的研发。基于演绎的规则推理存在一些经验知识难以表达,解决问题要"重头开始"等问题,而基于类比的案例推理虽然有无需显式的领域知识模型,避免了知识获取瓶颈。系统是开放体系且易于维护,一定程度上避免了知识增加时知识库的相关性和一致性等优点,但由于缺乏演绎能力,显得推理过于牵强且不可解释,同时,CRB对深入分析支持不够,对其常用的层次索引而言,逐层检索亦会导致推理低效。因此,将CRB和RBR相结合,取长补短,从而使整个系统达到更高智能水平,具有十分重要的意义。文[106]结合案例推理与规则推理技术,提出了一种新的基于案例的专家控制器,并成功应用于鼓风炉的控制,表明案例推理与规则推理相结合的方法对于处理复杂工业过程的控制问题是有效的。

1.4 磁选过程控制存在的问题

磁选选别技术经过几十年的发展,在工艺上已经比较成熟,但是其过程自动化程度还需要大力发展,基础回路基本上还依靠单纯的人工手动控制,磁选过程的控制,尤其是强磁选过程的控制远没有达到理想的程度,其过程的复杂性和边界条件频繁变化等特性均限制了精矿品位与尾矿品位优化控制的实现。目前磁选过程控制的关键任务为:实现磁选过程关键变量的自动控制和品位指标的优化控制,以降低生产成本、减少资源消耗、提高生产效率并改善劳动环境等。

磁选过程控制中存在以下几方面的问题,需要给予重视:

(1)回路需要实现自动控制,关键被控变量处于手动控制阶段,磁选过程自动化程度较低,过程复杂,不确定性因素多,给矿浓度等参数存在大滞后现象,过程回路尚未实现闭环控制。例如,漂洗水流量控制采用手动调节,难以实现流量的精确控制;给矿浓度依靠人工采样化验,调节滞后时间非常长,难以跟踪设定值;而与磁场强度相关的励磁电流则基本固定不变,不能随工况变化做出相应调整。回路控制效果较差,难以实现自动稳定控制,必须根据其特点选取合适的控制量,采用合适的控制方法来对其实施控制。

(2)影响精矿品位和尾矿品位的因素众多。对于强磁选过程,由于难以建立品位指标与漂洗水流量、励磁电流、给矿浓度之间的精确数学模型,而无法实现漂洗水流量、励磁电流、给矿浓度的自动设定,影响品位指标的关键被控变量(漂洗水流量、励磁电流、给矿浓度)的设定值是凭借操作者的经验给出的。这就需要操作员经常巡检于恶劣的生产现场,在观察过程的状态后做出给出设定值的正确判断。但这一过程往往带有很大的主观性,甚至于盲目性,所以需要开发出能自动给出关键被控变量设定值的方法,以部分或全部取代操作员繁琐的劳动,不仅实现磁选过程的自动控制,更重要的是实现品位指标的优化控制。然而,由于磁选过程的复杂性,在对这些关键工艺参数的设定模型的开发过程中,目前没有可供借鉴的成熟可用的设定模型,必须结合多种建模方法、分析类似工业过程中的过程建模方法、对磁选过程影响品位指标的因素进行深入的分析,建立可用于为实现精矿品位、尾矿品位优化服务的过程控制模型,以达到最佳的控制效果,杜绝生产过程中故障的发生,把精矿品位、尾矿品位控制在目标值范围内,进而提高精矿品位,降低尾矿品位。

1.5　本书的主要工作

针对磁选过程控制中存在的主要问题,依托国家 863 高技术计划项目"选矿工业过程综合自动化系统研究与开发",开展了磁选过程智能优化控制系统的研究,首先对强磁选过程进行了描述,分析了影响精矿品位、尾矿品位的因素,以及现有的精矿品位、尾矿品位的控制方法存在的问题,然后针对强磁选过程的特点,提出了采用回路设定和回路控制两层结构的品位指标优化控制方法,并在此方法基础上研发了磁选过程智能优化控制系统,包括系统的硬件平台、软件平台

的构建和开发,最终在酒钢选矿厂进行了安装、调试、工业实验和投入运行。本文的研究工作主要体现在如下几个方面:

(1)针对具有强耦合、强非线性等综合复杂特性的磁选过程,将智能控制与常规控制方法相结合,以在精矿品位和尾矿品位的目标值范围内尽可能提高精矿品位、降低尾矿品位为目标,提出了由漂洗水流量、励磁电流、给矿浓度的设定层和回路控制层两层结构组成的强磁选过程智能优化控制方法,该方法通过自动调整强磁选过程漂洗水流量、励磁电流、给矿浓度控制回路的设定值,并对设定值通过反馈补偿方法进行校正,使控制回路跟踪设定值,从而保证强磁选过程的精矿品位、尾矿品位处于其目标值范围内。并结合磁选过程特点,较深入地研究了预设定模型的案例推理方法。

所提出的智能优化控制方法的设定层由漂洗水流量、励磁电流、给矿浓度的预设定模型和反馈补偿器组成。预设定模型根据精矿品位、尾矿品位的目标值,以及给矿品位、给矿粒度、矿石可选性、给矿量等边界条件和漂洗水流量、励磁电流、给矿浓度的检测值,给出强磁选过程漂洗水流量、励磁电流和给矿浓度的预设定值。

结合磁选过程特点提出了基于案例推理的预设定模型的具体实现方法,包括基于框架法的案例表示,最近邻法与层次检索结合的案例检索,基于成对比较法的属性权重确定,基于替换法的案例重用方法以及基于聚类法的案例库维护等方法。

基于规则的推理反馈补偿器根据精矿品位、尾矿品位的化验值与目标值之间的偏差,通过规则推理,产生漂洗水流量、励磁电流、给矿浓度的补偿值,对预设定值进行校正,从而产生漂洗水流量、励磁电流、给矿浓度设定值。控制回路使漂洗水流量、励磁电流、给矿浓度的实际值跟踪设定值,从而保证强磁选过程的精矿品位、尾矿品位的实际值控制在目标值范围内,最终实现精矿品位和尾矿品位的优化控制。

(2)设计开发了实现上述控制方法的智能优化控制软件,研制了由智能优化控制软件、PLC、优化计算机、监控计算机,变频器、电动调节阀、励磁电流整流装置等执行机构,核子浓度计、电磁流量计、电流互感器等检测仪表构成的磁选过程智能优化控制系统。介绍了系统的硬件平台、软件平台结构,以及优化设定软件和过程监控软件的结构、功能、人机交互界面等。

(3)将上述系统应用于酒钢选矿厂的磁选过程,包括由 10 台强磁选机、1 台浓密机、5 台中磁机组成的强磁选过程,以及 39 台弱磁选机、31 台磁力脱水槽组成焙烧矿弱磁选过程,进行了安装、调试以及当矿石可选性、给矿品位、给矿粒度、给矿量波动的情况下,强磁精矿品位、尾矿品位的控制实验,并使之投入运行。实验结果表明当矿石可选性等边界条件波动时,该系统能够将精矿品位与尾矿品位控制在目标值范围内。长期运行结果显示,强磁精矿品位提高0.47%,尾矿品位降低0.87%,从而使综合精矿品位提高0.57%,金属回收率提高2.01%。

第 2 章 强磁选过程精矿品位、尾矿品位控制的过程描述及存在问题

为了确定磁选过程优化控制策略,首先要了解磁选过程工艺及品位指标的控制过程。由于赤铁矿磁选过程分为强磁选过程和弱磁选过程,而弱磁选过程采用的选别设备为永磁设备,磁场强度无法调节,弱磁选过程的控制主要为设备的逻辑启停控制等,本章介绍相对复杂的强磁选过程工艺及精矿品位、尾矿品位的控制现状及存在的问题,从强磁选过程的工艺流程、指标分析以及强磁选过程品位指标控制现状等几个方面进行介绍。

2.1 磁选设备及磁选工艺流程描述

强磁选过程(high intensity magnetic separating process,HIMSP)的主体设备强磁选机如图 2-1 所示,主要由强磁选机转盘、给矿系统、给水系统、励磁系统几部分组成。其中给矿系统为磁选机供给原矿浆,给矿系统主要设备为浓密机,浓密机可以把上道工序输送过来的矿浆进行适当的浓缩,由底流泵输送给强磁选机,以供给强磁选机合适浓度的矿浆,图中所示的矿浆浓度的调节是通过改变底流阀的开度来实现的,底流阀开度较小时,矿浆在浓密机中停留的时间较长,由浓密机上部溢流槽流走的水量较多,因而底部流出的矿浆浓度,即底流浓度就较高,反之底流阀开度较大时,矿浆的浓度就较低,这样就可以实现对给矿矿浆浓度的控制。给水系统提供选别过程需要的冲矿漂洗水和卸矿水,通过调节漂洗水阀门的开度可以控制漂洗水流量的大小。励磁系统将交流电转变为直流电以产生强磁场。通过调整直流电流的大小可以改变磁场的强度。

图 2-1 中符号意义说明如下:G_1、G_2 分别表示精矿品位和尾矿品位,y_1、y_2、y_3 分别表示漂洗水流量、励磁电流和给矿浓度,u_1 为漂洗水阀开度,v 为浓密机底流阀开度,B_1 为给矿品位。

强磁选选别过程为:由磨矿工序产生的粒度合格的矿浆由给矿泵输入到强磁机转盘上的分选箱,分选箱带着矿浆进入磁场区域,矿粒在磁场中受到的作用力包括磁力、漂洗水冲力、矿粒之间的摩擦力、重力等。含铁的磁性较强的矿粒

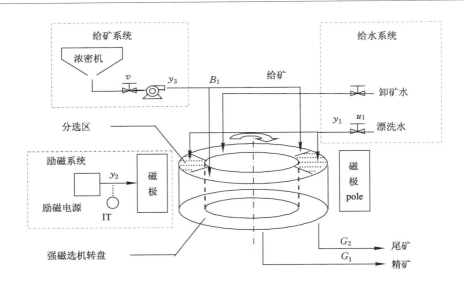

图 2-1　强磁选系统工艺原理

和磁性较弱的矿粒在磁场中受力不同,而运动途径不同,磁性较强的矿粒被吸附在强磁机齿板上,磁性较强的矿粒随着分选箱继续转动,转出分选区后,此时没有磁场作用,被卸矿水冲下而成精矿,磁性较弱的矿粒被冲矿漂洗水流冲掉为尾矿。

酒钢选矿厂强磁选工序的主要分选设备为 10 台 SHP-3200 型湿式双盘强磁选机,该磁选机具有处理量、操作简单、指标稳定等优点,SHP-3200 型强磁选机主要技术性能在表 2-1 列出。

表 2-1　强磁选机技术性能表

转盘直径/mm	3 200
转盘与磁极头间隙/mm	<2
转盘转速/(r·min^{-1})	3.3
主电机功率/kW	30
额定磁场强度/(kA/m)	1 035
额定励磁总安匝数	360 000
最高励磁电流/A	250
最高励磁电压/V	300
最高励磁功率/kW	80

表 2-1(续)

磁极头包角/(°)	70
强圈允许温升/℃	65
油水冷却器功率/kW	4
给矿粒度上限/mm	0.9
给矿浓度/%	30～42
处理能力/(t/台・h)	粗选＜70　扫选＜45
精矿卸矿水压/MPa	＞0.5
机重/t	110
外形尺寸 $L \times B \times H$/mm	6 146×5 060×4 752

2.2　磁选过程的工艺指标:精矿品位、尾矿品位的描述

磁选过程中的指标参数较多,本节首先选择如表 2-2 所示与本文研究内容相关的参数做简要描述。

表 2-2　磁选过程参数

序号	指标名称	单位
1	精矿品位	%
2	尾矿品位	%
3	原矿品位	%
4	金属回收率	%
5	精矿产率	%
6	选矿比	倍
7	劳动生产率	t/人

1. 处理原矿品位

处理原矿品位是指入选处理的原矿中所含铁金属量占原矿处理量的百分比,处理原矿品位是由选矿厂取样化验的加权平均数求得。其计算公式为:

$$处理原矿品位(\%) = \frac{处理原矿含铁量(t)}{处理原矿量(t)} \times 100\% \tag{2-1}$$

2. 铁精矿品位

铁精矿品位是指选矿厂最终产品铁精矿中所含铁金属量占铁精矿量的百分

比,它是铁精矿的质量指标。铁精矿品位应由取样化验的加权平均数求得。其计算公式为:

$$铁精矿品位(\%) = \frac{铁精矿含铁量(t)}{铁精矿量(t)} \times 100\%$$ (2-2)

其中铁精矿量以扣除水分的干矿量计算。

3. 尾矿品位

尾矿品位是指尾矿中所含金属量占全部尾矿量的百分比。它是反映选矿过程中金属损失情况的指标。尾矿品位应由取样化验的加权平均数求得。其计算公式为:

$$原矿品位(\%) = \frac{原矿含铁量(t)}{原矿量(t)} \times 100\%$$ (2-3)

其中尾矿量以扣除水分后的干矿量计算。其计算公式为:

$$尾矿量(t) = 处理原矿量(t) - 铁精矿量(t)$$ (2-4)

4. 选矿金属回收率

选矿金属回收率是指选出的铁精矿金属量占处理原矿金属量的百分比。它反映选矿过程中金属的回收程度。选矿金属回收率分别计算实际回收率和理论回收率两个指标。其计算公式为:

$$实际金属回收率(\%) = \frac{铁精矿量(t) \times 铁精矿品位(\%)}{处理原矿量(t) \times 处理原矿品位(\%)} \times 100\%$$ (2-5)

$$理论金属回收率(\%) = \frac{铁精矿品位(\%) \times [处理原矿品位(\%) - 尾矿品位(\%)]}{处理原矿品位(\%) \times [铁精矿品位(\%) - 尾矿品位(\%)]} \times 100\%$$ (2-6)

其中实际金属回收率是选矿过程中实际回收金属量所占的百分数;理论金属回收率是用来验证实际回收率的精确程度,检查生产技术管理水平高低的指标,两者的关系是:

$$实际金属回收率 = 理论金属回收率 - 选矿机械损失率$$

在正常情况下,理论金属回收率总是大于实际金属回收率,即机械损失率总是正值。如果机械损失率过大或出现负值,则说明在计量、取样、化验等方面有不准确的地方,应及时检查并改进。

5. 精矿产率(γ)

精矿产率是指铁精矿量与处理原矿量的百分比值,其计算公式为:

$$实际精矿产率(\%) = \frac{铁精矿量(t)}{处理原矿量(t)} \times 100\%$$ (2-7)

$$理论精矿产率(\%) = \frac{处理原矿品位(\%) - 尾矿品位(\%)}{铁精矿品位(\%) - 尾矿品位(\%)} \times 100\%$$ (2-8)

6. 选矿比

选矿比是指原矿处理量与选出的精矿量之比。即每选出一吨铁精矿所需处理的原矿数量,通常以倍数表示。其计算公式分别为:

$$实际选矿比(倍) = \frac{处理原矿量(t)}{铁精矿量(t)} \tag{2-9}$$

$$理论选矿比(倍) = \frac{精矿品位(\%) - 尾矿品位(\%)}{原矿品位(\%) - 尾矿品位(\%)} \tag{2-10}$$

7. 劳动生产率

选矿劳动生产率是指在报告期内选矿厂全员或生产工人人均处理的原矿量或生产的铁精矿量。其计算公式为:

$$选矿全员(或生产工人)劳动生产率(t/人) = \frac{处理原矿量(或铁精矿产量)(t)}{选矿全员(或生产工人)平均人数(人)}$$

$$\tag{2-11}$$

上述参数中,铁精矿品位和金属回收率是整个选矿生产的生产指标,对于强磁选工序,选择精矿品位和尾矿品位作为优化控制的指标。其中精矿品位为表示铁精矿中纯铁含量的指标,尾矿品位为表示含铁矿粒的流失量的指标,它们与矿粒所受的磁力大小以及水流冲力等相关,强磁选过程控制的目标即调整合适的漂洗水流量、励磁电流、给矿浓度等变量以使精矿品位、尾矿品位进入生产要求的目标值范围内,并在目标值范围内使精矿品位尽量高,尾矿品位尽量低。磁选过程的精矿品位和尾矿品位这两个指标能否稳定控制在目标值范围内,是选别生产过程的关键,影响这两个指标的因素分析如下。

强磁选过程的目的是使矿浆中的含铁的磁性较强矿粒和磁性较弱矿粒分离,而矿浆给入强磁选机的分选箱进入磁场后,含铁的磁性较强矿粒和磁性较弱矿粒在磁场中分离的必要条件为:

(1) 对于磁性较强矿粒 $F_M > \sum F_O$

(2) 对于磁性较弱矿粒 $F'_M < \sum F'_O$

其中,F_M、F'_M 为磁性较强和磁性较弱矿粒所受磁力,$\sum F_O$、$\sum F'_O$ 为磁性较强和磁性较弱矿粒所受反作用力。

矿粒在磁场中所受磁力的大小与矿粒的比磁化系数、矿粒体积、磁场强度等成正比。而磁场强度的大小是由励磁电流决定的,通过励磁电流的调整可以改变磁场强度。矿粒所受的水流冲力是由漂洗水流量和给矿浓度决定的。

给矿的粒度决定了矿石的单体解离程度,粒度过粗说明矿石单体解离不充分,会导致精矿品位偏低,而粒度过细也会导致选别效果不好,造成尾矿品位偏高。给矿品位决定了矿石中铁含量的多少,矿石可选性反映了矿石选别的难易程度,由矿石中脉石成分、连生情况等决定,给矿量的大小也会对选别过程的精矿品位、尾矿品位产生影响。

由上述可知,强磁性过程精矿品位 $G_1(t)$,尾矿品位 $G_2(t)$ 与漂洗水流量 $y_1(t)$、励磁电流 $y_2(t)$、给矿浓度 $y_3(t)$、给矿品位 B_1、给矿粒度 B_2、矿石可选性 B_3、给矿量 B_4 相关,可以表示为:

$$G_i(t) = f_i(y_1(t), y_2(t), y_3(t) \mid \Omega), \quad i = 1,2 \quad \Omega \in \{B_1, B_2, B_3, B_4\}$$

$$(2\text{-}12)$$

式(2-12)为强非线性模型,很难采用精确的数学模型来描述。英国沃林·斯普林实验室的 P. Tucker 等采用现象学方法建立了湿式强磁选机的数学模型[23,24]。该模型考虑 Boxmag Rapid 湿式强磁选机分选的主要影响因素:磁场强度、颗粒粒度及比磁化率,描述了磁性颗粒的捕集和夹杂以及非磁性颗粒的夹杂概率。颗粒在磁场中受到的磁力超过重力、水流冲力等反作用力时,该颗粒将被捕集。因而定义临界磁场强度 H_0,实际的临界磁场强度难以采用理论方法计算,采用经验方法,临界磁场强度 H_0 可以表示为:

$$H_0 = a + P_1/X_j^b + c/S_i^2 \tag{2-13}$$

式中　X_j, S_i ——颗粒的磁化系数和粒度;

a、b、c、P_1 ——常数,当 X_j 很大时,可取 $a=0$,理论上取 $b=1$,c 为比例系数,当颗粒尺寸大于 20 微米时,第三项 c/S_i^2 可忽略。这一项说明当颗粒尺寸及其微小时,需要更大的磁场强度才能捕获颗粒。

采用两个分布函数来描述颗粒在磁场中的捕集概率,粒度为 i,比磁化率为 j 的颗粒进入第 k 个精矿流的捕集概率 T_{ijk} 为:

$$T_{ijk} = \begin{cases} T_0 + (1 - T_0) \cdot \tanh(f \cdot \{g_1[H - H_0] + g_2 \cdot [H - H_0]^2\}) & H > H_0 \\ (H/H_0)f \cdot g_1 & H < H_0 \end{cases}$$

$$(2\text{-}14)$$

其中

$$g_1 = v_1 + (X_j - v_2)/v_3 \tag{2-15}$$

$$g_2 = a_2 \cdot (1 - \tanh[S_i/50]) \tag{2-16}$$

$$f = \begin{cases} W_1 \cdot \exp(-[S/75]p_2/W_2) & S > 75 \ \mu\text{m} \\ W_1 \cdot \exp(-[75/S]p_2/W_2) & S \leqslant 75 \ \mu\text{m} \end{cases} \tag{2-17}$$

式中　H ——外加磁场强度;

T_0 ——磁性颗粒在临界磁场强调 H_0 时的捕集概率;

f, g_1, g_2 ——调节系数;

$v_1, v_2, v_3, a_2, W_1, W_2$ ——比例常数;

P_1，P_2——模型参数。捕集概率与磁场强度的关系曲线如图 2-2 所示。

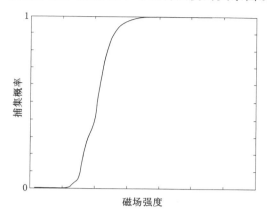

图 2-2　捕集概率变化曲线

磁性较强颗粒和磁性较弱颗粒在被捕集颗粒的夹杂作用下的夹杂概率 T'_{ijk} 表示为下式：

$$T'_{ijk} = E/\log(S_i) \cdot (1 - T_{ijk}) \tag{2-18}$$

其中

$$E = P_3 \cdot m/(F - m \cdot [1 - P_3]) \tag{2-19}$$

式中　T'_{ijk}——粒度为 S_i，比磁化率为 X_j 的颗粒由于夹杂而进入第 k 个精矿流的转移概率；

　　　E——夹杂系数；

　　　P_3——夹杂参数；

　　　m——磁性产品总质量；

　　　F——给矿质量。

由以上分析可知，精矿中即包括在磁场作用下捕集的磁性较强颗粒又包括在夹杂作用进入精矿的颗粒，则精矿品位可表示如下：

$$\delta = \frac{\sum_{i=1}^{I} \sum_{j=1}^{J} W_{ij}(T_{ijk} + T'_{ijk})\beta_{ij}}{\sum_{i=1}^{I} \sum_{j=1}^{J} W_{ij}(T_{ijk} + T'_{ijk})} \tag{2-20}$$

式中　W_{ij}——粒度为 S_i，比磁化率为 X_j 的颗粒在给矿中的质量分数（占总给矿的百分比）；

　　　β_{ij}——粒度为 S_i，比磁化率为 X_j 的颗粒的品位。相应的金属回收率为：

$$r_{ijk} = \frac{\sum\limits_{i=1}^{I}\sum\limits_{j=1}^{J}W_{ij}(T_{ijk}+T'_{ijk})\beta_{ij}}{\sum\limits_{i=1}^{I}\sum\limits_{j=1}^{J}W_{ij}\beta_{ij}} \tag{2-21}$$

上述模型在实验室条件下进行了试验,建立的模型预测值与试验结果在大多数操作范围内吻合得较好,并用来评价了黑钨矿尾泥的选别流程方案,对方案的处理提供了指导。该模型在实际工业生产中应用比较困难,模型计算需要原矿的组成成分、粒度分布等详细数据,通常只有在实验室条件下才能满足。而实际工业生产中难以确定确切的矿石成分,粒度分布等参数,尤其在我国,赤铁矿石脉石成分复杂,连生紧密,选矿生产中矿石性质不稳定,波动较大,工况条件变化繁复,模型中的参数无法确定。该模型没有考虑冲矿漂洗水流量对选别过程的具体影响,而在实际生产过程中,漂洗水流量是控制品位指标的重要参数,漂洗水流量变化时,意味着该模型中的临界磁场强度也会相应变化。同时,实际生产中强磁机的磁场强度也无法在线检测,难以实现磁场强度的闭环控制。

综上所述,强磁选生产过程中,包括多种内外因素的交叉变化,普遍存在不确定性,使得对精矿品位、尾矿品位这两个指标的优化控制变得复杂起来,其中的控制难点总结如下:

(1)过程本身具有多变量强耦合的特点,影响精矿品位、尾矿品位指标的因素众多。任何一个因素的变化都可能引起两个品位指标同时发生波动。

(2)强非线性。品位指标与影响因素之间不是简单的线性关系。

(3)机理复杂,很难建立输出、输入及干扰之间精确的数学模型,从而难以采用基于模型的解析控制方法和传统的最优控制方法。

(4)不确定性因素多,如矿石的性质、成份改变等,无法预知这些不确定性因素。

(5)精矿品位和尾矿品位无法直接测量,靠化验室人工化验,检测周期长,呈现大惯性、大滞后特性。

以上几点说明单一的控制方法难以实现强磁选过程精矿品位和尾矿品位的优化控制。必须从工艺要求的角度出发,根据生产实际,对影响精矿品位和尾矿品位的一些主要因素寻求先进、合理的优化技术与方法,以达到生产目标要求,取得理想的各项经济技术指标。

2.3　精矿品位、尾矿品位的控制现状及存在问题

本节介绍以精矿品位和尾矿品位为目标的强磁选过程控制现状及存在

问题。

由上节叙述可知,磁选过程的控制目标为将精矿品位、尾矿品位稳定控制在目标值范围内。磁选过程的自动化程度在整个选矿流程中也相对较低,选别过程关键变量尚未实现自动控制,过程参数检测手段以人工检测为主,精矿品位和尾矿品位的控制通过操作员人工观察、决策、手动操作来实现。

选矿过程检测包括人工检测和自动检测。人工检测至今仍是我国大部分选厂的主要检测手段,如用浓度壶检查矿浆浓度,用筛子检查矿浆中矿粒粒度。用化学分析方法检验原料和产品的品位,人工检测的精确度受主观因素的影响较大,不同操作工和不同的检查方法都存在着差异。随着科学技术的发展,各种检测仪表的出现,部分选厂已经逐步用自动检测取代人工检测。电磁流量计、超声波粒度计、核子浓度计等逐渐用于选矿生产过程的参数检测。自动检测仪表技术的发展,使选矿过程实现回路过程自动控制成为可能。

品位指标的在线检测对于选矿生产具有重要意义,目前已经出现一些应用于工业生产现场的在线品位检测装置,国内选厂主要采用的是芬兰奥托昆普公司生产的分析仪,最新产品为库里厄 6(Couler6)在线品位分析仪,但是这些品位检测装置存在着许多问题,如测量精度较低,设备容易出现故障,维护困难,难以实现真正及时准确的品位指标的在线连续检测。因而在实际生产过程中,品位指标的检测主要还是依靠定期采样、离线化验来实现。

强磁选过程的控制在自动化改造之前完全依靠操作员手动操作,给矿浓度、漂洗水流量等主要变量的调节都通过人工调节手阀开度来实现。漂洗水流量和励磁电流的调节方式如下:

(1)漂洗水流量控制。由于没有水流量检测装置,漂洗水流量的控制依靠操作员眼睛观察水流来判断水流量,通过手动调节漂洗水阀开度来控制水流量大小,直到得到满意的水量,显然这种方式难以实现水流量的精确稳定控制。

(2)给矿浓度控制。给矿浓度大小依靠人工采样化验得到,操作员根据化验数据来调节给矿浓度调节阀开度,来控制给矿浓度,由于采样化验周期较长,因而给矿浓度的调节滞后时间非常大,同时依靠操作员人工操作,不能实现闭环自动控制,难以使给矿浓度稳定跟踪设定值。

(3)磁场强度控制。磁场强度大小对于选别质量至关重要,而实际生产过程中磁场强度检测难以实现,磁场强度的控制是通过调整励磁电流来间接实现的,而实际生产中操作员一般不改变励磁电流,即固定磁场强度,不进行调节。

在实际生产过程中,强磁选过程以精矿品位和尾矿品位为目标的控制采用人工方式,如图 2-3 所示。由上节分析可知强磁选过程中精矿品位 $G_1(t)$ 与尾矿品位 $G_2(t)$ 不仅与漂洗水流量 $y_1(t)$、励磁电流 $y_2(t)$、给矿浓度 $y_3(t)$ 的动态特性具有强非线性;而且受给矿品位 B_1、给矿粒度 B_2、矿石可选性 B_3、给矿量 B_4 等边界条件 Ω 的影响,难以用精确的数学模型描述,因而无法实现基于模型的品位指标的开环控制。$G_1(t)$ 与 $G_2(t)$ 不能在线连续测量,因此难以采用常规控制方法实现反馈控制。

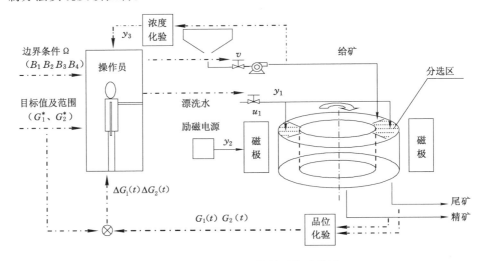

图 2-3 强磁选过程控制现状示意图

目前在工业现场的品位指标的控制方式为操作员人工控制,具体过程为:操作员根据精矿品位、尾矿品位的化验值 $G_1(t)$、$G_2(t)$ 和精矿品位、尾矿品位的目标值 G_1^*、G_2^* 与目标值范围以及矿石可选性等边界条件 Ω,不改变励磁电流 $y_2(t)$ 的前提下,凭经验来调整给矿阀开度 $v(t)$、漂洗水阀开度 $u_1(t)$ 来控制给矿浓度 $y_3(t)$、漂洗水流量 $y_1(t)$,从而使 $G_1(t)$ 和 $G_2(t)$ 的实际值进入其目标范围内。

这种操作员参与的人工控制方式存在许多问题:

当边界条件变化频繁时,难以及时准确调整设定值,加上励磁电流固定不变,不能改变磁场强度,人工调整阀位不能及时精确控制 $y_1(t)$ 与 $y_3(t)$,特别是边界条件发生变化时,设定值不能及时调整,容易造成实际的精矿品位与尾矿品位波动较大,不能被控制在目标值范围内,不能满足生产对指标的要求。

当精矿品位不合格时,通常操作员会把工艺参数调整到极限,以提高精矿品位,这必然会使尾矿品位同时提高,从而导致金属回收率的大幅度降低,严重影响经济效益。

由于工艺参数的设定依靠操作员经验确定,不同操作员的控制效果差别较大，各个班组之间的品位指标变化较大，这样也不利于生产稳定。

由于人工控制方式存在的种种问题，导致铁精矿的产品质量得不到保证，同时尾矿品位偏高，资源浪费严重，金属回收率偏低。

为了进一步提高系统性能并减少对操作员的依赖性，可以利用过程控制技术的研究成果，开发一套控制系统吸取优秀操作员的操作经验，全部或部分取代操作员的操作，以改进当前的人工控制方式的不足，使强磁选过程实现自动控制和保证精矿品位和尾矿品位的实际值处于其目标值范围内，即实现强磁选过程精矿品位和尾矿品位的优化控制，以保证选矿生产产品质量，降低资源消耗，并且改善工作环境、降低劳动强度以及增加企业的经济效益。

2.4　本章小结

本章介绍了强磁选过程的工艺流程，磁选过程中指标参数的基本概念，分析了影响强磁选过程精矿品位、尾矿品位的各种因素。强磁选过程的精矿品位、尾矿品位与冲矿漂洗水、励磁电流、给矿浓度之间存在强耦合、强非线性等特性，难以用精确的数学模型描述，而且随给矿品位、给矿粒度、矿石可选性、给矿量等的波动而变化。目前强磁选过程的品位指标的控制仍处于人工控制阶段，由于人工控制方式存在的不足，不能保证铁精矿产品质量，同时导致金属回收率偏低。

第3章 赤铁矿强磁选过程智能优化控制方法

针对赤铁矿强磁选过程的精矿品位与尾矿品位难以在线测量,并与励磁电流、冲矿漂洗水流量、给矿浓度的动态特性具有强非线性、不确定性且难以用数学模型描述等复杂工业问题,本章提出了由强磁选过程冲矿漂洗水流量、励磁电流和给矿浓度回路设定层和回路控制层两层结构组成的工业过程智能优化控制方法。其中回路设定层由漂洗水流量、励磁电流、给矿浓度的预设定模型和反馈补偿器组成。预设定模型根据精矿品位、尾矿品位的目标值,以及给矿品位、给矿粒度、矿石可选性、给矿量等边界条件和漂洗水流量、励磁电流、给矿浓度的检测值,采用案例推理技术,其中包括基于框架法的案例表示,最近邻法与层次检索结合的案例检索,基于成对比较法的属性权重确定,基于替换法的案例重用方法以及基于聚类法的案例库维护等方法,给出强磁选过程漂洗水流量、励磁电流和给矿浓度的预设定值。反馈补偿器根据精矿品位、尾矿品位的化验值与目标值之间的偏差,通过规则推理,产生漂洗水流量、励磁电流、给矿浓度的补偿值,对预设定值进行校正,最终产生漂洗水流量、励磁电流、给矿浓度设定值。回路控制层作用是使漂洗水流量、励磁电流、给矿浓度的实际值跟踪设定值,通过设定—补偿校正—回路控制的闭环实现对赤铁矿强磁选过程的自动控制,从而保证强磁选过程的精矿品位、尾矿品位的实际值被控制在目标值范围内,以实现精矿品位和尾矿品位的优化控制。

3.1 强磁选过程控制目标

强磁选过程的优化控制需要解决三个问题,一是在系统具有综合复杂性的条件下,实现品位指标的优化;二是在工况变化频繁、干扰因素众多的情况下,保证关键变量给矿浓度、漂洗水流量和励磁电流的设定值是合理的;三是实现给矿浓度、漂洗水流量和励磁电流在设定值基础之上的稳定控制。其中关键变量设定值的合理设定及其稳定控制是实现品位指标优化控制的前提。因此,强磁选过程优化控制的控制目标为通过给出给矿浓度、漂洗水流量和励磁电流合适的设定值,同时使回路跟踪该设定值,使工艺指标精矿品位 G_1、尾矿品位 G_2 控制在如式(3-1)所示的目标值范围内,且在目标值范围内尽可能提高精矿品位,降低尾矿品位,从而保证选矿生产的最终精矿品位合格,以及提高金属回收率。

$$G_{1min}^{*} \leqslant G_1(t) \leqslant G_{1max}^{*}$$
$$G_2(t) \leqslant G_{2max}^{*}$$

$$(3-1)$$

由于精矿品位与尾矿品位难以在线连续检测,它们与冲矿漂洗水、励磁电流和给矿浓度之间具有强非线性、不确定性且难以用数学模型描述的复杂特性,难以采用常规控制方法实现闭环反馈控制,只能靠人工确定漂洗水流量、励磁电流和给矿浓度的设定值,人工控制给水系统、励磁系统和给矿系统使之跟踪设定值,来控制精矿品位和尾矿品位的实际值进入工艺所确定的目标值范围。当给矿品位、给矿粒度与矿石可选性等边界条件变化时人工往往不能及时准确的确定上述控制回路设定值,因此不能将实际精矿品位和尾矿品位控制到目标值范围内。有必要对设备进行自动化系统的改造,改进过程控制方法,提高控制精度,从而提高生产效率,降低成本,使最终的产品质量和产量得到有效保证。

3.2　强磁选过程智能控制方法

3.2.1　强磁选过程智能控制策略

磁选过程的精矿品位和尾矿品位分别表示铁精矿中纯铁含量的指标和含铁矿粒的流失量指标,通过第二章工艺流程的介绍,可以看出,矿粒在磁场中所受磁力的大小与磁场强度等成正比,而磁场强度的大小是由励磁电流决定的,调整励磁电流可以改变磁场强度。漂洗水流量决定了矿粒所受的水流冲力。给矿的粒度决定了矿石的单体解离程度,粒度过粗说明矿石单体解离不充分,会导致精矿品位偏低,而粒度过细也会导致选别效果不好,造成尾矿品位偏高。给矿品位决定了矿石中铁含量的多少,矿石可选性反映了矿石选别的难易程度,由矿石中脉石成分、连生情况等决定。因此,精矿品位 $G_1(t)$ 与尾矿品位 $G_2(t)$ 不仅与漂洗水流量 $y_1(t)$、励磁电流 $y_2(t)$、给矿浓度 $y_3(t)$ 具有强非线性关系,而且还受给矿品位 B_1、给矿粒度 B_2、给矿量 B_3、矿石可选性 B_4 等边界条件 Ω 的影响,这一关系难以用精确数学模型描述,而且 $G_1(t)$ 与 $G_2(t)$ 不能在线连续测量,所以采用单一的常规控制方法难以将实际精矿品位和尾矿品位控制在目标值范围内。

针对上述问题,提出了如图 3-1 所示的由控制回路设定层和控制层两层结构组成的强磁选过程智能优化控制策略,其中控制回路设定层由基于案例推理技术的回路预设定模型和基于规则推理技术的反馈补偿器组成。控制层由漂洗水流量、励磁电流和给矿浓度共三个控制回路组成。

回路设定层和回路控制层两层各自功能分别描述如下：

1. 控制回路设定层

该层主要功能是为回路控制层提供回路设定值。控制回路设定层由优化设定模型组成，优化设定模型包括漂洗水流量、励磁电流、给矿浓度的控制回路预设定模型和漂洗水流量、励磁电流、给矿浓度的反馈补偿器。回路预设定模型根据精矿品位与尾矿品位的目标值 G_1^* 和 G_2^* 与目标值范围和边界条件 Ω（给矿品位 B_1；给矿粒度 B_2；给矿量 B_3；矿石可选性 B_4），应用案例推理技术，给出强磁选过程漂洗水流量预设定值 $\bar{y}_1(t)$、励磁电流预设定值 $\bar{y}_2(t)$、给矿浓度预设定值 $\bar{y}_3(t)$。反馈补偿器的作用是补偿精矿品位与尾矿品位的目标值与实际化验值之间的实际偏差。自动采样机采样后每隔 2 个小时进行一次离线的人工化验，得到精矿品位与尾矿品位实际值，进而得到目标品位值和实际品位值之间的实际偏差，再根据当前工况情况，采用"原型分析"[107]方法，结合强磁选机操作的专家经验，提取设定值补偿方法"原型"，应用规则推理技术进行推理计算漂洗水流量预设定值 $\bar{y}_1(t)$、励磁电流预设定值 $\bar{y}_2(t)$、给矿浓度预设定值 $\bar{y}_3(t)$ 的修正量 $\Delta\bar{y}_1(t)$、$\Delta\bar{y}_2(t)$、$\Delta\bar{y}_3(t)$，最终漂洗水流量、励磁电流和给矿浓度的回路设定值由二者叠加而成，即 $y^*(t)=\bar{y}(t)+\Delta\bar{y}(t)$。

2. 回路控制层

回路控制层包含漂洗水流量、励磁电流、给矿浓度三个控制回路，该层的主要功能是跟踪设定层提供的回路控制量设定值，实现漂洗水流量、励磁电流、给矿浓度的稳定控制。漂洗水流量控制回路系统由检测水流量的电磁流量计，执行机构电动调节阀，以及 PI 控制器 FC 组成，控制器根据漂洗水流量设定值与电磁流量计检测的实际流量值的偏差，控制电动调节阀门开度使漂洗水流量实际检测值 $y_1(t)$ 准确、稳定地跟踪设定值 $y_1^*(t)$；励磁电流控制回路由检测电流的电流互感器，执行机构整流器，以及 PI 控制器 IC 组成，控制器根据励磁电流设定值与电流互感器检测的实际电流值的偏差，控制整流器使励磁电流实际检测值 $y_2(t)$ 准确、稳定地跟踪设定值 $y_2^*(t)$；给矿浓度控制回路，由检测浓度的核子浓度计，执行机构变频器，以及 PI 控制器 DC 组成，控制器根据给矿浓度设定值与核子浓度计检测的实际浓度值的偏差，调节变频器频率改变给矿泵转速使给矿浓度实际检测值 $y_3(t)$ 准确、稳定地跟踪设定值 $y_3^*(t)$。

由上述控制回路设定层和控制层两层结构组成的强磁选过程智能优化控制策略解决了强磁选过程本身存在的综合复杂特性，如多变量强耦合、强非线性、不确定性，以及工况变化频繁，难以精确建模等复杂工业问题。

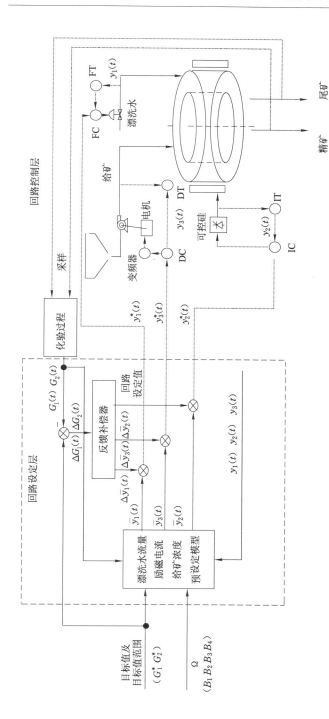

图3-1　强磁选过程智能控制策略图

G_1^*—精矿品位目标值；G_2^*—尾矿品位目标值；G_1^*—尾矿品位偏差值；B_1—给矿品位；B_2—给矿粒度；B_3—给矿量；B_4—石灰可选性；$G_1(t)$—精矿品位化验值；$G_2(t)$—尾矿品位化验值；$\Delta G_1(t)$—精矿品位偏差值；

$\Delta G_2(t)$—尾矿品位偏差值；$\overline{y}_1(t)$—漂洗水流量预设定值；$y_2(t)$—给矿浓度预设定值；$y_3(t)$—励磁电流设定值；$y_1(t)$—漂洗水流量设定值；$\overline{y}_2(t)$—给矿浓度设定值；$\overline{y}_3(t)$—漂洗水流量预设定值；$\overline{y}_1(t)$—漂洗水流量检测值；$y_2(t)$—励磁电流检测值；$y_3(t)$—给矿浓度检测值；$\Delta y_1(t)$—漂洗水流量补偿值；$\Delta \overline{y}_2$—给矿浓度补偿值；

$\Delta \overline{y}_3(t)$—励磁电流补偿值；$u_1(t)$—漂洗水调节阀开度；$u_2(t)$—可控硅触发角；$u_3(t)$—给矿变频器频率；F—水流量；D—浓度；I—电流；T—传感器；C—控制器。

3.2.2　智能设定算法

强磁选过程控制目标主要是为了使精矿品位和尾矿品位进入目标值范围，精矿品位和尾矿品位与漂洗水流量、励磁电流和给矿浓度三个变量之间未知的非线性关系，难以建立精确的数学模型，同时，给矿品位、给矿粒度、矿石可选性、给矿量等也直接影响了最终的精矿和尾矿品位。因此，精矿品位和尾矿品位与被控变量及边界条件之间的关系是一未知的非线性关系。为了实现精矿品位和尾矿品位的优化控制，需要根据变化的生产条件不断调整漂洗水流量、励磁电流和给矿浓度的设定值，并且要保证控制系统能在这个设定值基础之上稳定运行、稳定跟随各回路的设定值。最终使精矿品位和尾矿品位两个指标进入目标范围内。

3.2.2.1　基于案例推理的控制回路预设定模型

1. 案例推理技术

案例推理技术是以自然界的两大原则为理论前提的，一个原则是世界是规则的，相似的问题有相似的求解方法和过程；一个原则是事物总是会重复出现，遇到的相似问题总是会重复出现的。因此，案例推理的实质是利用以往成功或失败的经验案例经过推理得到当前问题的解，模拟人类求解问题的思路，通过修改已有的解决方案满足求解新问题的需要，评价新方案，解答新问题。显然，从一个具体问题的求解经验中学习要比从中归纳容易得多[108-113]。一般认为，一个案例推理过程主要有四大步骤，即案例检索（retrieval）、案例重用（reuse）、案例修正（revise）、案例保存（retain）[114]。

1）案例表示及案例库的构造

案例表示是案例推理的基础。案例推理技术在很大程度上取决于所收集案例的表示结构和内容。案例表示需要决定哪些知识将存贮在案例中，并找出一种适当的结构来描述案例内容[115-117]。知识表示目前使用较多的方法有一阶谓词表示法、产生式规则表示法、框架表达法、语义网络表示法、脚本法、过程表示法、petri网法、面向对象法[118]等。

一阶谓词逻辑是一种形式语言系统，用逻辑方法研究推理的规律，即条件与结论之间的蕴含关系。一阶谓词逻辑表示的知识易于理解，适合需要精确表示知识的领域。然而一阶谓词表示法难以表示过程性和启发式知识，缺少结构上统一的规则，致使大型知识库难以管理。

产生式规则表示法通常用于表示具有因果关系的知识，用"如果……则……"的形式表示知识，例如：在强磁选过程中

If ＜磁场强度降低 and 漂洗水流量增加＞ then ＜精矿品位提高＞

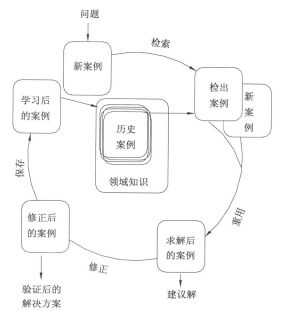

图 3-2　CBR 原理图

就是一个产生式。其中，"磁场强度降低 and 漂洗水流量增加"是前提，"精矿品位提高"是结论。产生式规则表示法适合表达具有因果关系的过程性知识，但对具有结构关系的知识却无能为力，不能将具有结构关系的事物间的区别和联系表示出来。

框架表示法是以框架理论为基础发展起来的一种结构化的知识表示方法，主要用于描述事务内部结构及事物间的类属关系。框架表示法适合表达结构性知识，是一种经过组织的结构知识表示方法，框架之间可以形成层次的或更复杂的关系，组成一种框架网络。一个框架可以有任意有限数目的槽，一个槽可以分为若干个侧面。槽值或侧面值既可以是数值、字符串、布尔值，也可以是一个在满足某个给定条件时要执行的动作或过程。一个工业过程的回路设定知识框架如下：

回路设定知识框架
— — — — — — — — — — — — — — — — — — — —
框架名：＜回路设定知识＞
边界条件框架
被控变量检测值框架
工艺指标框架

被控变量设定值框架
运行时间

————————————————————

回路设定知识框架中有边界条件、被控变量检测值、工艺指标、被控变量设定值四个子框架。每个子框架可以利用"槽"来说明关于子框架的几个方面。例如边界条件子框架由"来料特性""来料质量""来料温度""来料尺寸"等槽名组成；被控变量框架由影响工艺指标的关键变量，如"流量"、"浓度"、"压力"等槽名组成。当把具体信息填入槽或侧面后就得到了相应框架的一个具体事例框架。

语义网络是通过概念及其语义关系来表达知识的一种网络图。它的优点是可以自然直观地表示结构化的知识，有效避免搜索时的组合爆炸问题。适合用于复杂的分类学推理领域中，也可用在那些需要表示对象、事件、场景及行为的特性及它们之间关系的领域中。

剧本法用于描述固定的事件序列，它的结构类似框架法，也由一组槽组成，用来表示特定领域内一些时间的发生序列。剧本法强调事件之间的因果关系，描述的事件形成了一个巨大的因果链。剧本法可以有效表示某些专门知识，然而，剧本法比较呆板，能力也有限。另外，人类日常行为多种多样，很难用一个剧本理解各种各样的情节。

过程表示法是将有关现实世界的知识包含在过程当中，而过程是一小段程序，当某个特定的情况发生时，将调用对应的子程序。过程表示法的优点是易于将过程程序化，系统的运行效率高；因控制性知识已融入过程中，故控制系统的设计较容易。然而由于知识隐含在过程之中，所以难以纠正或修改。控制信息也包含在过程之中，限制了选择的灵活性，不易对知识的表示进行修改并添加新的知识。

Petri 网法最初用于构造系统模型及进行动态特性分析，后来逐渐被用来表示知识。Petri 网便于描述系统状态的变化及系统特性的分析，具有位置、转换及标记三种基本元素，适合应用于并行处理和分布式计算机领域中。

面向对象表示法中，类、子类、具体对象（即类的实例）构成了一个层次结构，而且子类可以继承父类的数据与操作。知识可按类以一定层次的形式进行组织，类之间通过链实现联系。它的特点是具有面向对象的优势，具有模块性、继承性、封装性和多态性。

案例推理过程中的经验知识一般是以结构化的方式表示的，是对应用领域的结构化描述。许多实际案例推理应用中，案例通常表示为问题和问题解的值。

2）案例检索

当面临求解的问题时,首先进入案例检索阶段。案例检索是利用案例库的索引和组织结构,根据待解决问题的问题描述在案例库中找到与该问题或情况最相似的案例。对于简单的案例检索问题,仅考虑用户输入的特征就可以满足要求。但很多情况下,尤其是在"知识密集"型的应用中,往往要进行更加细致的工作,从具体的应用环境中来理解问题。这包括滤除用户输入特征中的干扰、推断其他相关的特征、判断所给出的特征在具体环境下是否有意义、预测其他特征的取值等。对于用户没有输入的特征,其值根据领域知识的模型得到,或者取自检索出的相似案例的问题描述特征的值。

案例推理系统的检索方法主要分为三种:相联检索、层次检索、基于知识的检索。

（1）相联检索

相联检索是对应于最近邻法的检索方式,最近邻法为事例的每个属性指定一个权值,检索案例时就可以根据输入事例与事例库中的事例的各个属性的匹配程度的加权和来挑选最佳匹配的事例。最近邻算法结合了领域知识,大多数 CBR 系统都采用该算法,最近邻算法成立的假设是两个案例之间的属性一样,且属性间是相互独立的,存在合适的匹配规则和程序。最简单的最近邻算法是采用加权平均的方法,将所有的特征的相似度经过加权加总后就可以得到两个案例的相似度。特征 V 的两个特征值 V_1、V_2 之间的相似度,常用的公式有如下几种:

$$\text{a)} \qquad \text{sim}(V_1,V_2)=\frac{\min(V_1,V_2)}{\max(V_1,V_2)} \qquad (3\text{-}2)$$

$$\text{b)}\,\text{sim}(V_1,V_2)=1-D(V_1,V_2) \qquad [\text{当}\ D(V_1,V_2)\in[0,1]\text{时}] \quad (3\text{-}3)$$

$$\text{sim}(V_1,V_2)=\frac{1}{1+D(V_1,V_2)} \qquad [\text{当}\ D(V_1,V_2)\in[0,\infty]\text{时}] \quad (3\text{-}4)$$

其中

$$D(V_1,V_2)=|V_1-V_2| \qquad (3\text{-}5)$$

或

$$D(V_1,V_2)=\frac{|V_1-V_2|}{\max\{V_i\}-\min\{V_i\}} \quad (V_i\ \text{表示特征}\ V\ \text{的各种可能取值})$$

$$(3\text{-}6)$$

简单最近邻算法的普遍延伸是 k 阶最近邻算法（$k-NN$）。$k-NN$ 算法中,新案例的类别取决于和它最相似的 k 个训练案例所属的类别,k 个案例中,哪个类别的案例多,新案例就属于哪个类型。如果存在两个或者两个以上的类别,那么平均距离最小的就是新案例所属的类别。但是 $k-NN$ 算法假设互相邻近的案例有相同的类别,在利用案例的属性计算案例的距离时,如果关键的分类属性只是整个属性集中的一小部分,就会出现问题。如两个无关属性差别很大,即使关键的分类属性完全相同,两个案例未必就是相似案例。这样,$k-NN$ 的精确性就取决于无关属性的数量,因此就有了一些改进的 $k-NN$ 算法。

（2）层次检索

层次检索适用于案例中的案例层次结构组织起来的情况。该算法从根结点开始,在每个结点确定是否应该向下面的分支进行查找。如果查到一个叶结点结束,则返回该节点的案例。结果找到一个非叶结点结束,则返回该点及该节点以下的案例。该方法使得在检索案例时不必检索所有案例。

（3）基于知识的检索

基于知识的检索是利用案例知识进行检索,通常可利用规则推理的方法实现。尝试利用现存的有关案例库案例的知识来确定检索案例时哪些案例特征是重要的,并根据这些特征来组织和检索,这使得案例的组织和检索具有一定的动态性。它分为基于解释的索引方法与基于模型的索引方法,他们都利用了某种因果性的知识来进行索引。

相联检索的优点是适用于案例中案例较少的情况,适用于检索目标未能很好定义的情况。它的缺点是不可能找到一组对所有特征的权重值集,使得任何情况下都能准确找到事例。许多问题的特征权重值是相互依赖的,在确定要检索的适当事例时,一个给定特征的重要性取决于这个事例的其他特征的权重值;层次检索法的优点是能自动客观严格地分析案例,确定能区别这些案例的最佳特征。案例可以组织成为分层结构供检索之用,其检索时间成对数而不是线性增长。如果检索的目标案例的结果是好定义的,并且有足够的案例进行比较,那么层次检索法比相联检索要好,其缺点是需要大量的案例,偶然事件可能产生错误索引,导致不相关的特征可能被作为索引存储,直到最后才被排除;知识检索法同层次检索相比,他们都结合了一定的相关知识。如果解释性的知识是可用的并且可以表示的话,这种方法是可取的。常常难以代码化足够的解释性知识以及在大范围内事例输入上完成完备的基于知识的索引,是其主要难解决的问题。

3）案例重用

案例检索阶段结束。接着进入案例重用阶段。案例重用阶段是根据对新案例特征的描述,决定如何由检索出的匹配案例的解决方案得到新案例的解决方案的过程。案例重用阶段是案例推理过程中的难点,在一些简单的系统中,可以直接将检索到的匹配案例的解决方案复制到新案例中,作为新案例的解决方案。这种方法适用于推理过程复杂,但解决方案很简单的问题。在多数情况下,由于案例库中不存在与新案例完全匹配的存贮案例,所以需要对存贮案例的解决方案进行调整以得到新案例的解决方案。

案例重用过程是对当前问题描述和不太正确的建议解进行调整,使得到更适合当前情景的较好的解答。简单的调整只需要对过去解中的某些组成部分进行简单的替换,复杂的调整甚至需要修改过去解的整体结构。调整可以在新解的形成过程中完成,也可能是当新解在执行过程中所做的进一步的修正。调整一般有这样的几种形式:在旧解中增加新的内容,或从旧解中删去某些内容,或对旧解中的某些内容进行替换,或对旧解中的某些部分进行重新变换。案例重用一般有四类方法:替换法、转换法、特定目标驱动法以及派生重演法[119]。

（1）替换法

替换法是把检索出来的案例解中的相关值做相应的替换而形成新解,分为下列 6 种:

·重新例化:用新的部分替换检索解中的某部分。例如根据牛排甘蓝菜来设计一道鸡肉炒雪豆菜时,将菜谱中所有牛肉替换成鸡肉,把甘蓝换成雪豆。

·参数调整:这是一种处理数值参数的启发式方法。和具体的输出和输入参数间的关系模型(输入发生什么变化,会导致输出发生相应的变化)有关。

·局部搜索:使用辅助的知识结构来获得替换值。例如,设计点心时缺少橘子,则可使用此法在一个水果语义网知识结构中搜索一个与橘子相近的水果,如用苹果来替换。

·查询:用带条件的查询在案例库或辅助知识结构中获取要替换的内容。

·特定搜索:同时在案例库和辅助知识结构中进行查询,但在案例库中查询时使用辅助知识来启发式指导如何搜索。

·基于案例的替换:使用其他案例来建议一个替换。

（2）转换法

转换法包括:常识转换法和模型制导修补法。前者使用明白易懂的常识性启发式从旧解中替换或增加某些组成部分。典型的常识转换法是"删去次要组成部分"。后者通过因果模型来指导如何转换,故障诊断中就经常使用这种方法。转换式调整仅仅假设关于问题之间的差异和求解方案的结果差异的知识,对于转换知识的完整性没有需求。但是,可利用的知识越多,案例库中案例的覆盖面就越广,可解决的问题也越多。因此,在领域模型不能获得的领域,该方法是非常适用的。

（3）特定目标驱动法

这种方法主要用于完成领域相关的及结构方面的修正。该法使用的各种启发式需要根据它们可用的情景进行索引。特定目标驱动的调整启发式知识一般通过评价近似解的作用,并通过使用基于规则的产生式系统来控制。

（4）派生重演

上述方法所做的修正是在旧解的解答上完成的。重演方法则是使用过去的推导出旧解的方法来推导出新解。这种方法关心的是解是如何求出来的。同前面的基于案例的替换相比,派生重演使用的则是一种基于案例的调整手段(方法重用)。

4）案例修正

在案例重用得不到满意的解时,需要使用领域知识对不合格的解决方案进行修正,修正后符合应用领域的要求。案例修正实际上包括案例方法评估和错误修正两部分,方法评估是指将获得的新问题的解决方案应用到实际环境中去,根据效果来判断这次案例推理求解成功与否。当评估结果还未反馈回来时,显然暂时问题的解决方法还不能被案例推理系统学习,如果求解成功或满足客户要求,则直接进行案例的学习阶段,否则就要进行错误修正和解释为什么没有达到预期的求解目标,这种情形下的工作主要由领域专家来完成了,但修正的理由、失败的原因及修改的方法等必须形式化地记录到案例库中去,成为以后学习推理的重要内容。案例修正之所以是案例推理过程的难点,主要是因为缺乏获取和利用一组协调一致的调整知识的方法学。目前学习案例修正知识的方法有下列三种方法:

（1）利用领域知识来学习修正规则,此方法的优点是可以与其他基于知识的系统相互利用领域知识。

（2）交互式修正规则的学习,一般是从专家用户处学习修正知识。

（3）从案例库中学习修正规则,一般采用归纳比较技术,即检查案例之间的差异来自动地学习到一批修正规则。这其中的问题有如下几点:如何选择案例来比较,如何在检索和修正之间进行最大程度地结合,如何提炼得到的规则集,如何应用修正规则等。

5）案例存储与案例库的维护

经过前述步骤后,新问题可以认为被解决了,但对案例推理过程而言还存在许多工作,例如,新问题解决方法的正确性,即建议方法多大程度解决了问题或满足了客户要求,产生的新方法是否需要作为新知识被学习,该方法与系统的已有知识是否相容,案例库中案例是否冗余,是否需要进行约简等。

案例的评价有五大指标:正确性、相容性、独立性、冗余性、连贯性。依据这五大指标,计算确定评估指标,然后根据结果确定实施对应的学习操作和案例库维护的动作。

案例推理系统的学习体现在案例库及一些知识库的增长过程中,只要是新的案例不断地加入案例库里,当新输入的问题通过案例推理系统解决以后,是否加入案例库中去,可以通过多种方法来判断决定。常用的技术是在案例库中找出近似于新问题的旧有问题,以此决定学习与否;或从案例库挖掘出多个相似案例的聚类,抽象出一个案例保存在案例库中。

案例推理系统的维护和案例库的维护主要包括各种知识和结构的维护,最重要的是案例库的维护。案例库的维护最重要的问题是如何防止案例库学习过程中的无限增大,其解决方法一般是过滤掉对整个系统的能力无益的案例,即删除法。显然,一些数据挖掘技术可以用来确定案例库中的案例对案例库的系统性能有多大贡献,来确定它是保留还是删除。用数据挖掘的方法对案例库进行分类或聚类操作,即寻找普通情况下的原型案例和特殊情况下的离群值,并借助于辅助知识来更新案例库,如修正知识、相似性度量、索引知识等,以此来维护案例推理系统。案例库的维护可包括对可能产生误导的案例(噪音案例)的删除或更新,冗余案例的删除以及案例库的重新组织等。

(1) 噪声案例的删除或更新

我们可以为案例库中的每个案例都设两个域:被观察次数和正确划分次数,这些分类记录将作为判断该案例分类能力的依据,预示将来它的分类能力。当一个新案例被加入案例库中时,它的这两个域都赋初值为零。随着案例库的不断使用,当这个案例被检索到并成功地解决了当前问题时,它的被观察次数和正确划分次数都加 1;如果检索到的这个案例没有成功地解决当前问题,则仅仅将其被观察次数加 1,而正确划分次数保持不变。当一个案例地被观察次数加 1,而正确划分次数保持不变。当一个案例被观察次数远大于正确划分次数时,我们将认为该案例是噪声案例,这时可以将它从案例库中删除,或经过调整使其变成正确的案例。

(2) 冗余案例的删除[120]

冗余案例会导致案例搜索效率降低,应该定期对冗余案例进行删除,这里给出一个冗余案例判断和删除的例子。设整个案例库包含 c 个子案例库,分别记为 $CB_1, CB_2, \cdots, CB_c$,步骤如下:

第一步:构造一个临时案例库 CB_0;

第二步:令 i 从 1 到 c 依次执行下列操作:

a. 将 CB_i 中的典型案例(聚类中心)移入 CB_0 中;

b. 计算 CB_i 中的剩余案例与 CB_0 中新移入案例的相似度,并删除相似度在大于阈值小于 1 之间的冗余案例,将 CB_i 的剩余案例中相似度最高的案例移入 CB_0 中,重复该步操作,直到 CB_i 为空时停止;

c. 将 CB_0 中的各案例移回到 CB_i 中,得到删除冗余案例后的结果。

（3）定期对剩下的案例重新组织（采用聚类方法）

随着大量新案例的加入，案例空间的分布会不断呈现出新的状态，比如空间重心的改变、新的子空间的出现，这时典型案例库和具体子案例是应该发生相应的改变的，即整个案例库的重新组织，可以采用案例库组织时提到的聚类算法来重新组织案例库。

2. 回路预设定模型

回路预设定模型是根据精矿品位、尾矿品位的目标值和当前的工况条件给出漂洗水流量、励磁电流、给矿浓度的预设定值。通过长期的生产实践积累的数据报表，采用主元分析法（principal component analysis，PCA）[121]，可以明确漂洗水流量、励磁电流、给矿浓度的预设定值除了与漂洗水流量、励磁电流、给矿浓度实际输出值、给矿品位、给矿粒度、矿石可选性、给矿量相关外，还与前一次的漂洗水流量、励磁电流、给矿浓度的设定值有关联。而这些关系的内部机理尚不明确，难以建立优化模型进行有效控制。其内部关系及边界条件之间的关系具有不规则的非线性变化特性，可以用下面一个函数关系表示漂洗水流量、励磁电流、给矿浓度的预设定值与精矿品位、尾矿品位的目标值和边界条件的关系：

$$[\bar{y}_1(t), \bar{y}_2(t), \bar{y}_3(t)] = g[G_1^*, G_2^*, y_1(t), y_2(t), y_3(t),$$
$$y_1^*(t-1), y_2^*(t-1), y_3^*(t-1), B_1, B_2, B_3, B_4]$$

$$(3\text{-}7)$$

其中 $\bar{y}_1(t)$——漂洗水流量预设定值；

        $\bar{y}_2(t)$——励磁电流的预设定值；

        $\bar{y}_3(t)$——给矿浓度的预设定值；

        G_1^*——精矿品位目标值；

        G_2^*——尾矿品位目标值；

        $y_1(t)$——漂洗水流量实际回路输出值；

        $y_2(t)$——励磁电流实际回路输出值；

        $y_3(t)$——给矿浓度实际回路输出值；

        $y_1^*(t-1)$——前一次漂洗水流量设定值；

        $y_2^*(t-1)$——前一次励磁电流设定值；

        $y_3^*(t-1)$——前一次给矿浓度设定值；

        B_1——给矿品位；

        B_2——给矿粒度；

        B_3——给矿量；

        B_4——矿石可选性。

为了利用过去经验中特定的知识和具体的典型历史工况和回路设定值,本文采用案例推理技术,模拟一个有经验的操作员,通过寻找与典型工况相似的历史案例,利用经验对新问题进行推理求解回路设定值。为了实现赤铁矿强磁选过程的智能控制,案例推理系统需要确定表示控制信息的形式,确定在典型工况中需要存储的知识,存储和描述这些控制知识的形式,确定工况之间的相似度描述方法,确定对当前工况的控制结果评价方法以及更新案例库的方法等。基于案例推理的回路预设定模型首先提取当前工况信息,定义问题案例后,与历史案例库中的案例进行比较和检索,再经过案例重用,得到重用案例,最后经过案例修正和存储,不断丰富案例库,最终实现对变化工况的自适应。

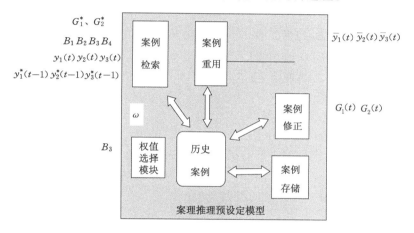

图 3-3　基于 CBR 的回路预设定模型结构图

1)回路预设定模型的案例表示与案例库的构造

(1)基于框架表示法的案例表示

本文面对的问题是在面对不同的操作情况下,根据不同的边界条件给出合适的漂洗水流量、励磁电流、给矿浓度的设定值。漂洗水流量、励磁电流、给矿浓度的设定值与当前的被控量实际检测值(漂洗水流量、励磁电流、给矿浓度实际检测值)、前一次的被控量设定值(漂洗水流量、励磁电流、给矿浓度设定值)以及当前工况条件(给矿品位、给矿粒度、给矿量、矿石可选性)相关。因此,案例推理系统不仅涉及当前的被控变量的实际检测值,还涉及前一次被控变量设定值及当前工况条件三个领域,范围明确,每个领域可以用实数或者枚举类型数据进行属性描述。因此,回路设定案例推理系统中的案例表示首先必然涉及这几个领域的各个属性,需要寻找合适的组织方式使其易于描述;其次,由于案例推理系统在其不断运行学习后,需要有新知识进行添加修正,因此,案例表示方法还要尽可能易于扩展和修改,需要将其案例内容有效结构化组织。综上所述,强磁选回路预设定案例推理系统的案例表示应具有层次性、结构化、易于扩展和修改的特点,依据上述几种案例表示方法的特点,本文提出基于框架表示的回路预设定模型的案例知识描述方法。

一般来讲,一个典型的案例主要包括两部分,即问题描述与解决方案描述。由于强磁选生产过程设定值不断变化,时间属性对设定值也有不同参考价值,时间越近的控制信息越有参考价值。因此,本文提出的回路设定案例推理系统的案例除了包括问题描述(C)、解决方案(Y),还有时间(T)属性一项。即案例是用上述信息表示的一个 3 元组 Case=(C,Y,T)。各元素含义为:

Case:代表一条案例

C:代表问题描述,包括当前的被控量实际检测值(漂洗水流量、励磁电流、给矿浓度实际检测值)、前一次的被控量设定值(漂洗水流量、励磁电流、给矿浓度设定值)以及当前工况条件(给矿品位、给矿粒度、给矿量、矿石可选性)。

Y:代表解决方案。

T:代表该案例存储的时间。

以上三个方面组成了一个层次框架,可以把每个部分用一个框架来描述,图 3-4 给出了回路预设定模型案例的框架结构,表 3-1 是回路预设定模型案例框架的一般表示形式。一个框架由若干个被称为"槽"的结构组成,槽的属性值称为槽值。表中给出了每个属性值的类型及单位。

表 3-1 回路预设定模型框架的表示形式

槽名(属性名)	槽值(属性值)
精矿品位期望值	数值型/%
尾矿品位期望值	数值型/%
漂洗水流量检测值	数值型/($m^3 \cdot h^{-1}$)
励磁电流检测值	数值型/A
给矿浓度检测值	数值型/%
上一次漂洗水流量设定值	数值型/($m^3 \cdot h^{-1}$)
上一次励磁电流设定值	数值型(A)
上一次给矿浓度设定值	数值型/%
给矿品位	数值型/%
给矿粒度	数值型/%
给矿量	数值型/($t \cdot h^{-1}$)
矿石可选性	枚举性

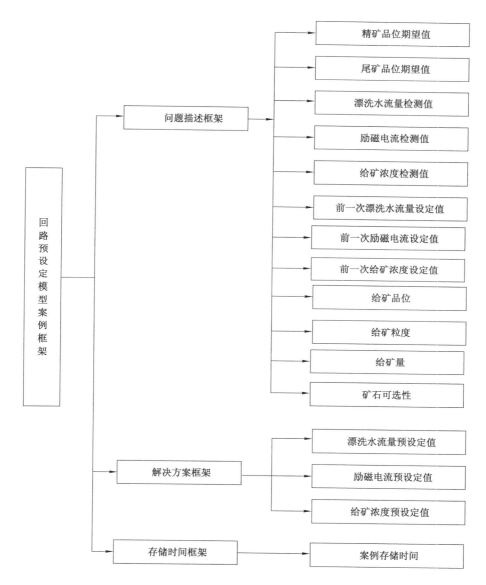

图 3-4 回路设定模型案例的框架结构

根据式(3-7),选择与控制回路设定值相关的漂洗水流量、励磁电流、给矿浓度实际输出值、前一次的漂洗水流量、励磁电流、给矿浓度设定值,以及给矿品位、给矿粒度、给矿量、矿石可选性作为案例描述特征,漂洗水流量、励磁电流、给矿浓度作为案例解。因此,每个案例都包括了一种工况及其对应的控制量,即由案例描述特征及其解组成。案例结构可以由表 3-2 所示。

表 3-2　回路预设定模型的案例结构

案例描述(C)												案例解(Y)			存储时间
G^*		$y(t)$			$y^*(t-1)$			Ω				$\bar{y}(t)$			
c_1	c_2	c_3	c_4	c_5	c_6	c_7	c_8	c_9	c_{10}	c_{11}	c_{12}	$\bar{y}_1(t)$	$\bar{y}_2(t)$	$\bar{y}_3(t)$	T

表 3-2 中，案例描述 C 由 G^*、$y(t)$、$y^*(t-1)$、Ω 组成，可以表示为：

$$C = \{c_i\} \quad (i = 1, \cdots, 12)$$

其中　c_i——案例描述特征；

c_1、c_2——精矿品位与尾矿品位的目标值；

c_3、c_4、c_5——控制回路漂洗水流量、励磁电流、给矿浓度的实际输出值（$y_1(t)$、$y_2(t)$、$y_3(t)$）；

c_6、c_7、c_8——上一时刻控制回路漂洗水流量、励磁电流、给矿浓度的设定值（$y_1^*(t-1)$、$y_2^*(t-1)$、$y_3^*(t-1)$）；c_9,c_{10},c_{11},c_{12} 分别对应边界条件 B_1、B_2、B_3、B_4；

c_{12}——枚举型变量，分别取值 1,2,3 表示矿石可选性的中、好、差，其余变量为数值型变量。案例解 $\bar{y}(t)$ 表示为：$\bar{y}(t) = [\bar{y}_1(t), \bar{y}_2(t), \bar{y}_3(t)]$，其中 $\bar{y}_1(t)$ 为漂洗水流量预设定值，$\bar{y}_2(t)$ 为励磁电流预设定值，$\bar{y}_3(t)$ 为给矿浓度预设定值。

如在边界条件 $\Omega = [32.5, 81, 40.5, 1]$，品位期望值 $G^* = [47.4, 17.5]$，$y(t) = [25.1, 175.1, 40.8]$，$y^*(t-1) = [25, 175, 40.5]$ 的工况条件下，该案例工况描述即可表示为

$$C = \{47.4\%, 17.5\%, 25.1 \text{ m}^3/\text{h},$$

$175.1 \text{ A}, 40.8\%, 25 \text{ m}^3/\text{h}, 175 \text{ A}, 40.5\%, 32.5, 81\%, 40.5 \text{ t/h}, 1\}$，案例解为

$$\bar{y}(t) = [32.5, 192, 40.1],$$

从而，案例工况描述、案例解和存储时间 T 的具体槽值共同组成了一条具体案例。

（2）基于层次结构的回路预设定案例库的构造

如何组织案例库取决于系统所采取的检索策略。本文涉及的案例描述特征有 12 个，相联检索策略与其他方法相比最为简单有效，但它检索的时间复杂度会随着案例库中案例个数的增多而线性增长，因此适用于案例库较小的情况。当案例库比较大时，要先对其进行分类，每一类构成一个较小的子案例库。检索

时,先找到对应的子案例库,再进行进一步的检索。因此本文提出相联检索策略和层次检索二者结合的方法进行案例检索。

本系统中案例库将被组织成三层结构。由于矿石可选性分好、中、差三种类型,因此第一层按照矿石可选性建立矿石可选性中、好、差的三个节点;第二层是典型案例层,为典型工况条件下的回路设定情况,由磁选过程运行和操作经验总结建立的。对应矿石可选性类别(好、中、差)三种,将漂洗水流量 y_1,励磁电流 y_2,给矿浓度 y_3 几个主要变量在其取值范围内进行分段,经过组合共得到 54 种工况,因而相应确定初始典型案例数量为 54 个,即初始的第二层典型案例节点有 54 个;第三层为普通案例层,即案例推理系统在运行过程中学习得到的案例,存入相应的典型案例的下一层。整个案例库层次结构如图 3-5 所示。矿石可选性为"中"的典型案例如表 3-3 所示。

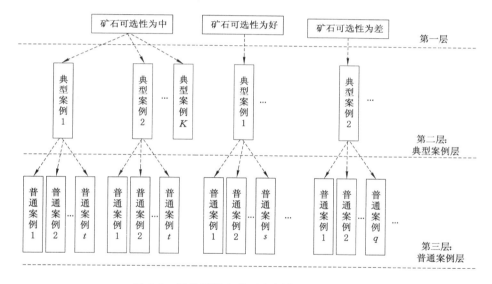

图 3-5　回路预设定模型案例库层次结构图

表 3-3　矿石可选性为"中"的初始典型案例

| 序号 | 案例描述(C) | | | | | | | | | | | | 案例解(Y) | | |
| | G^* | | $y(t)$ | | | $y^*(t-1)$ | | | Ω | | | | $\bar{y}(t)$ | | |
	c_1	c_2	c_3	c_4	c_5	c_6	c_7	c_8	c_9	c_{10}	c_{11}	c_{12}	$\bar{y}_1$	$\bar{y}_2$	$\bar{y}_3$
1	47.4	17.5	25.1	175.1	40.8	25	175	40.5	32.5	81	40.5	1	32.5	192	40.1
2	47.9	17.9	35.2	150.8	40.3	35	150	40.5	32.8	79	37.5	1	35.5	160	40.5
3	48	18.5	35.1	194.8	40.5	35	195	41	31.2	84	45.5	1	38.5	190	42.5

表 3-3(续)

序号	案例描述(C)												案例解(Y)		
	G^*		$y(t)$			$y^*(t-1)$			Ω				$\bar{y}(t)$		
	c_1	c_2	c_3	c_4	c_5	c_6	c_7	c_8	c_9	c_{10}	c_{11}	c_{12}	$\bar{y}_1$	$\bar{y}_2$	$\bar{y}_3$
⋮	…	…	…	…	…	…	…	…	…	…	…	…	…	…	…
17	47.9	18.1	45.5	150.3	30.1	45	150	35	29.7	80	42.5	1	41.5	155	35.5
18	47.4	17.8	45.3	194.7	29.8	45	195	35.5	29.5	81	39.3	1	39.5	175	35.5

2）基于相联检索与层次检索相结合的案例检索

各种 CBR 系统是否成功的衡量标准取决于该系统检索出相似案例以提供新案例解决方案的能力。目标案例的检索特征和历史案例的检索特征必须具有相似性是 CBR 系统求解的基础。由于相似度问题影响了 CBR 系统推理的各个方面，所以相似度的定义尤为重要。如表 3-1 所示，本文面临的变量是数值型和枚举型变量。对于数值型属性而言，通常通过距离来定义相似度，因此适合采用相联检索的方法。根据案例库建立的层次结构，本文在案例检索阶段采用相联检索和层次检索相结合的案例检索方法。

假设当前问题案例 M 的案例描述为：

C_{in}：{ $c_1=47.5\%$ $c_2=18.6\%$ $c_3=28.5$ m³/h

$c_4=179.2$A $c_5=40.3\%$ $c_6=28.4$ m³/h $c_7=179$ A

$c_8=40.5\%$ $c_9=32.1\%$ $c_{10}=81\%$ $c_{11}=41.2$ t/h $c_{12}=1$}

则针对问题案例在案例库中检索过程为：

第一步：首先根据新问题案例的矿石可选性在第一层节点上查找相应节点对应的子案例库 L_i。该问题案例 M 的矿石可选性为中（$c_{12}=1$），找到矿石可选性为"中"的子案例库 L_1，准备进行进一步检索。

第二步：该步骤目的是在第二层典型案例层中找出 L_1 中与问题案例最相似的典型案例节点。假设第二层对应案例库 L_1 的结点上共有 K 条典型案例，利用近邻法让问题案例与相应子案例库 L_1 中的 K 条案例逐个进行比较（比较 11 个条件属性）。计算出 K 对案例之间的相似度。假设案例库中的典型案例 M_k 的描述特征为 $C_k=\{c_{i,k}\}(i=1,2,\cdots,11;k=1,2,\cdots,K)$。问题案例 M 与 M_k 的相似度 $sim(M,M_k)$ 定义如下[109]：

$$sim(M,M_k)=\frac{\sum\limits_{i=1}^{11}\omega_i sim(c_i,c_{i,k})}{\sum\limits_{i=1}^{11}\omega_i} \quad i=1,2,\cdots,11,k=1,2,\cdots,K \quad (3-8)$$

其中，ω_i 表示案例特征权值。$\mathrm{sim}(c_i,c_{i,k})$ 为问题案例和第 k 条案例第 i 个描述特征，即 c_i 与 $c_{i,k}$ 之间描述特征相似度，定义如下：

$$\mathrm{sim}(c_i,c_{i,k})=1-\frac{|c_i-c_{i,k}|}{\max\{c_i\}-\min\{c_i\}} \qquad i=1,2,\cdots,11 \qquad (3-9)$$

其中，$\max\{c_i\}-\min\{c_i\}$ 为案例描述特征 c_i 的正常工作范围。以问题案例 M 与表 3-3 所示的案例库中的第一条典型案例的各案例描述特征的相似度计算为例，案例相似度计算过程如下：

$$\mathrm{sim}(c_1,c_{1,1})=1-|47.5\%-47.4\%|/(49.5-45.5)=0.975$$
$$\mathrm{sim}(c_2,c_{2,1})=1-|17.9\%-17.5\%|/(20.5-16.5)=0.9$$
$$\mathrm{sim}(c_3,c_{3,1})=1-|26.5-25.1|/(45-25)=0.93$$
$$\mathrm{sim}(c_4,c_{4,1})=1-|180.5-175.1|/(200-150)=0.892$$
$$\mathrm{sim}(c_5,c_{5,1})=1-|41.8-40.8|/(45-35)=0.9$$
$$\mathrm{sim}(c_6,c_{6,1})=1-|26.5-25|/(45-25)=0.925$$
$$\mathrm{sim}(c_7,c_{7,1})=1-|180.2-175|/(200-150)=0.896$$
$$\mathrm{sim}(c_8,c_{8,1})=1-|41.5-40.5|/(45-35)=0.9$$
$$\mathrm{sim}(c_9,c_{9,1})=1-|32.1-32.5|/(33-29)=0.9$$
$$\mathrm{sim}(c_{10},c_{10,1})=1-|81-81|/(85-75)=1$$
$$\mathrm{sim}(c_{11},c_{11,1})=1-|41.2-40.5|/(55-35)=0.965$$

因此，问题案例 M 与表 3-3 所示的案例库中的第一条典型案例 M_1 的相似度为

$$\mathrm{sim}(M,M_1)=\frac{\sum_{i=1}^{11}\omega_i\mathrm{sim}(c_i,c_{i,1})}{\sum_{i=1}^{11}\omega_i}=0.92 \qquad (3-10)$$

其中案例描述特征权值 ω 采用稍后介绍的两两比较法确定后，分别取为 $\{0.15,0.15,0.2,0.2,0.1,0.1,0.1,0.1,0.05,0.1,0.05\}$，最终得到新案例与该条案例的相似度为 0.92。以此类推，计算新案例与第二层节点中所有典型案例的相似度，最终找出案例相似度最大的典型案例节点 m，即

$$\mathrm{sim}(M,M_m)=\mathrm{Max}\{\mathrm{sim}(M,M_i)\},i=1,2,\cdots,K$$

第三步：从典型案例层的节点 m 出发，再一次利用近邻法让新问题案例与相应典型案例 m 节点下的所有案例逐个进行比较（比较 11 个条件属性）。案例相似度定义同(3-8)，最终检索出问题案例与历史案例库中相似度大于相似度阈值 sim_v 的所有相似案例。相似度阈值 sim_v 确定是经过离线实验和专家确定的，本文中取为 0.85，最大相似度 sim_{max} 定义为：

$$\text{sim}_{\max} = \max(\text{sim}(M, M_k)) \quad k = 1, \cdots, K \qquad (3\text{-}11)$$

采用下列两条原则,确定最终检索出的案例:

(1)当最大相似度大于等于 sim_v,取相似度大于 sim_v 的案例为检索出的案例;

(2)当最大相似度小于 sim_v,检索出相似度最大的一条案例,待修正后使用。

从上述叙述可以看出,案例检索过程首先查找第一层矿石可选性的对应节点,再找出最近邻的典型案例的第二层对应节点,最后在典型案例结点下的一般案例库中进行最近邻检索,这种相联检索与层次检索相结合的方式,避免了检索案例库中的所有案例,大大降低了案例检索的负担,提高了检索速度。

由上述第二、三步骤可以看出,各案例描述特征的相对权重 ω 如何确定是非常关键的[122]。权重系数的大小反映了在案例相似性评估中各特征属性的相对重要程度,反映了专家对领域知识的理解,是专家经验和决策者意志的体现。它在相当程度上决定了案例的检索精度,取值的好坏将直接影响到评估结果的好坏。常用的权重确定方法有:专家咨询法、成对比较法、调查统计法、无差异折衷法以及相关分析法等。在上述方法中,前四种方法都是采用基于领域专家先验知识的方法来确定特征属性的权重值,后一种方法是基于一种统计的方法。针对回路控制预设定案例的特点,在不同矿石可选性的条件下,案例描述中的属性重要性有所不同,相应权重也应有所不同。我们根据专家经验,采用成对比较法确定案例描述的属性权重。

成对比较法首先需要建立两两相对比较判断矩阵。让专家对每个属性的重要程度进行打分,对两个属性间的重要程度采用两两比较法。以矿石可选性为中的条件为例,1 代表属性重要性相等,5/1 代表相对强,4/1 代表相对较强等。将属性的重要性程度的分值作为矩阵 A 的元素,列出需要比较的属性的判断矩阵 A,即

$$A = \begin{bmatrix} \omega_1/\omega_1 & \omega_1/\omega_2 & \cdots & \omega_1/\omega_n \\ \omega_2/\omega_1 & \omega_2/\omega_2 & \cdots & \omega_2/\omega_n \\ \vdots & \vdots & \ddots & \vdots \\ \omega_n/\omega_1 & \omega_n/\omega_2 & \cdots & \omega_n/\omega_n \end{bmatrix} \begin{bmatrix} \omega_1 \\ \omega_2 \\ \vdots \\ \omega_n \end{bmatrix} = n \begin{bmatrix} \omega_1 \\ \omega_2 \\ \vdots \\ \omega_n \end{bmatrix} \qquad (3\text{-}12)$$

本文案例描述属性包括控制回路漂洗水流量、励磁电流、给矿浓度的实际输出值($y_1(t)$、$y_2(t)$、$y_3(t)$)、上一时刻控制回路漂洗水流量、励磁电流、给矿浓度的设定值($y_1^*(t-1)$、$y_2^*(t-1)$、$y_3^*(t-1)$)、边界条件(B_1、B_2、B_3、B_4)。由于采用层次结构的案例检索模式,对应的矿石可选性(c_{12})不参与属性重要性的比较。因此,对应于 12 个问题描述属性,去掉一个矿石可选性属性后,需要建立

11×11 两两比较的属性判断矩阵。其中两两比较值是经过专家咨询后得到的。

$$A = \begin{bmatrix} 1 & 1 & 3/4 & 3/4 & 3/2 & 3/2 & 3/2 & 3/2 & 3/1 & 3/2 & 3/1 \\ 1 & 1 & 3/4 & 3/4 & 3/2 & 3/2 & 3/2 & 3/2 & 3/1 & 3/2 & 3/1 \\ 4/3 & 4/3 & 1 & 1 & 4/2 & 4/2 & 4/2 & 4/2 & 4/1 & 4/2 & 4/1 \\ 4/3 & 4/3 & 1 & 1 & 4/2 & 4/2 & 4/2 & 4/2 & 4/1 & 4/2 & 4/1 \\ 2/3 & 2/3 & 2/4 & 2/4 & 1 & 1 & 1 & 1 & 2/1 & 1 & 2/1 \\ 2/3 & 2/3 & 2/4 & 2/4 & 1 & 1 & 1 & 1 & 2/1 & 1 & 2/1 \\ 2/3 & 2/3 & 2/4 & 2/4 & 1 & 1 & 1 & 1 & 2/1 & 1 & 2/1 \\ 2/3 & 2/3 & 2/4 & 2/4 & 1 & 1 & 1 & 1 & 2/1 & 1 & 2/1 \\ 1/3 & 1/3 & 1/4 & 1/4 & 1/2 & 1/2 & 1/2 & 1/2 & 1 & 1/2 & 1 \\ 2/3 & 2/3 & 2/4 & 2/4 & 1 & 1 & 1 & 1 & 2/1 & 1 & 2/1 \\ 1/3 & 1/3 & 1/4 & 1/4 & 1/2 & 1/2 & 1/2 & 1/2 & 1 & 1/2 & 1 \end{bmatrix}$$

$$(3\text{-}13)$$

得到比较矩阵 A 后，需要求出比较矩阵 A 的最大特征值的特征向量。对于本例，最大特征值为 66，对应的特征向量为

$$[-0.353\,6, -0.353\,6, -0.471\,4, -0.471\,4, -0.235\,7, -0.235\,7,$$
$$-0.235\,7, -0.235\,7, -0.117\,9, -0.235\,7, -0.117\,9]^{\mathrm{T}}$$

整理得到矿石可选性为中的条件下的案例描述特征权重分别为

$$\begin{aligned} \omega_1 &= 0.15; & \omega_7 &= 0.15; \\ \omega_2 &= 0.15; & \omega_8 &= 0.15; \\ \omega_3 &= 0.2; & \omega_9 &= 0.2; \\ \omega_4 &= 0.2; & \omega_{10} &= 0.2; \\ \omega_5 &= 0.1; & \omega_{11} &= 0.1; \\ \omega_6 &= 0.1; & \end{aligned}$$

$$(3\text{-}14)$$

类似地，如表 3-4 所示，可以得到矿石可选性为好、差的条件下的案例描述特征权重。

表 3-4 不同矿石可选性条件下的案例描述的相对权重

矿石可选性为中	矿石可选性为好	矿石可选性为差
$\omega_1 = 0.15$	$\omega_1 = 0.1$	$\omega_1 = 0.2$
$\omega_2 = 0.15$	$\omega_2 = 0.2$	$\omega_2 = 0.1$
$\omega_3 = 0.2$	$\omega_3 = 0.15$	$\omega_3 = 0.25$
$\omega_4 = 0.2$	$\omega_4 = 0.25$	$\omega_4 = 0.15$

表 3-4(续)

矿石可选性为中	矿石可选性为好	矿石可选性为差
$\omega_5 = 0.1$	$\omega_5 = 0.1$	$\omega_5 = 0.1$
$\omega_6 = 0.1$	$\omega_6 = 0.1$	$\omega_6 = 0.1$
$\omega_7 = 0.15$	$\omega_7 = 0.1$	$\omega_7 = 0.1$
$\omega_8 = 0.15$	$\omega_8 = 0.1$	$\omega_8 = 0.1$
$\omega_9 = 0.2$	$\omega_9 = 0.05$	$\omega_9 = 0.05$
$\omega_{10} = 0.2$	$\omega_{10} = 0.1$	$\omega_{10} = 0.1$
$\omega_{11} = 0.1$	$\omega_{11} = 0.05$	$\omega_{11} = 0.05$

3）基于替换法的案例重用

由于本文面对的问题是问题求解类型，问题案例与历史案例具有相同的案例表示结构，相同的案例描述属性，因此，案例重用阶段采用替换法。当最大相似度大于等于 sim_v 时，根据相似度达到阈值 sim_v 的所有案例的 $\mathrm{sim}(M, M_k)$ 和案例库中的对应案例解 $\bar{y}_k$，我们采用下式重用得出当前工况 M 下的案例解：

$$\bar{y}(t) = \frac{\sum_{k=1}^{R} \mathrm{sim}(M, M_k) \times \bar{y}_k}{\sum_{k=1}^{R} \mathrm{sim}(M, M_k)} \tag{3-15}$$

即检索出来的历史案例与问题案例的相似度作为加权值对所有近似案例进行求和，对检索案例解进行调整替代得到新值。假设新案例 M 在案例检索阶段从矿石可选性为中的子案例库 L_1 中检索出 5 条问题案例与检索案例之间最大相似度大于阈值 sim_v 的相似案例组，如表 3-5 所示。

表 3-5　检索案例解列表

检索案例序号	$\bar{y}_1(t)$	$\bar{y}_2(t)$	$\bar{y}_3(t)$	案例相似度
1	32.5	192	40.1	0.92
2	31.2	180.5	39.5	0.89
3	34.5	183.5	41.2	0.87
4	30.6	190.3	38.5	0.87
5	33.5	182.5	38.5	0.85

采用式(3-15)计算最终重用解

$$\bar{y}_1(t) = \frac{32.5 \times 0.92 + 31.2 \times 0.89 + 34.5 \times 0.87 + 30.6 \times 0.87 + 33.5 \times 0.85}{0.92 + 0.89 + 0.87 + 0.87 + 0.85}$$

$$= 32.5 \ (\mathrm{m^3/h})$$

$$\bar{y}_2(t) = \frac{192 \times 0.92 + 180.5 \times 0.89 + 183.5 \times 0.87 + 190.3 \times 0.87 + 182.5 \times 0.85}{0.92 + 0.89 + 0.87 + 0.87 + 0.85}$$

$$= 185.8 \ (\mathrm{A})$$

$$\bar{y}_3(t) = \frac{40.1 \times 0.92 + 39.5 \times 0.89 + 41.2 \times 0.87 + 38.5 \times 0.87 + 38.5 \times 0.85}{0.92 + 0.89 + 0.87 + 0.87 + 0.85}$$

$$= 39.6 \ (\%)$$

计算结果 32.5、185.8、39.6 为当前问题解,即漂洗水流量预设定值为 32.5 $\mathrm{m^3/h}$、励磁电流预设定值为 185.8 A、给矿浓度预设定值为 39.6%。

如果问题案例与检索案例之间最大相似度低于阈值 $\mathrm{SIM_v}$,即现有案例库中无有效参考案例时,此时采用基于专家规则的方法对相似度最大的案例进行修正:设检索出的最大相似案例 M_m 的描述特征为

$$C_m = \{c_{i,m}\} \tag{3-16}$$

修正规则形式如下:

IF $c_9 - c_{m,9} > 0.5$ and $c_{12} = 1$, then $a_1 = -1$, $b_1 = 2.5$, $c_1 = 0$;

IF $c_{10} - c_{m,10} > 5$ and $c_{12} = 1$, then $a_2 = -2$, $b_2 = 4$, $c_2 = 0.5$ $\tag{3-17}$

IF $c_{11} - c_{m,11} > 5$ and $c_{12} = 1$, then $a_3 = 2.5$, $b_3 = -2$, $c_3 = -1$;

案例解为:

$$\bar{y}_1(t) = \bar{y}_{m,1}(t) + \sum_{i=1}^{3} a_i \tag{3-18}$$

$$\bar{y}_2(t) = \bar{y}_{m,2}(t) + \sum_{i=1}^{3} b_i \tag{3-19}$$

$$\bar{y}_3(t) = \bar{y}_{m,3}(t) + \sum_{i=1}^{3} c_i \tag{3-20}$$

上述案例重用方法给出了当案例库中存在有效参考案例和不存在有效参考案例两种情况下的案例重用办法。

4) 基于专家规则的案例修正

经过重用的案例送给赤铁矿强磁选过程回路系统执行后,需要根据精矿品位、尾矿品位的实际检测值对本次重用结果产生的设定结果(漂洗水流量、励磁电流、给矿浓度)进行评价。如果精矿品位、尾矿品位的实际检测值进入目标值范围内,认为重用结果合理,不需要进行案例修正,如果品位指标不合格,则认为重用案例需要修正。实际赤铁矿强磁选过程中,一个优秀的操作员可以完成漂洗水流量、励磁电流、给矿浓度的正确设定过程,因此可以借助该领域的专家知识进行案例修正。

案例修正实际上包括案例方法评估和错误修正两部分。重用案例的有效性

采用下面两条规则进行评估：

If $G_{1max}^* \geqslant G_1(t) \geqslant G_{1min}^*$ and $G_2(t) \leqslant G_{2max}^*$,then 不需要修正；

If $G_1(t) < G_{1min}^*$ or $G_1(t) > G_{1max}^*$ or $G_2(t) > G_{2max}^*$,then 需要修正。

其中，G_{1max}^*，G_{1min}^* 为精矿品位目标值范围的上、下限界限值，G_{2max}^* 为尾矿品位目标值范围的上限界限值。

案例修正方法描述如下：假设在当前时刻 t 的案例描述为 $C(t)$，重用案例后的回路设定值（漂洗水流量、励磁电流、给矿浓度设定值）分别为 $\{\bar{y}_1(t), \bar{y}_2(t), \bar{y}_3(t)\}$，即 t 时刻的案例表示为 $M(t) = \{C(t), \bar{y}(t), t\}$。设定值 $\bar{y}_1(t)$，$\bar{y}_2(t)$，$\bar{y}_3(t)$ 送给回路后经过回路控制系统执行后，经过一个品位检测周期 T（2个小时）得到精矿品位和尾矿品位的实际值 $(G_1(t), G_2(t))$，如果精矿品位和尾矿品位的实际值不在目标值范围内，则意味着相同工况再次发生时，回路设定值需要做适当校正。因此，案例修正是在"相同工况发生时"进行的。"相同工况"的判断条件是根据式（3-8）计算案例相似度，如果时刻 $(t+T_1)$ 的案例与 t 时刻的案例之间的相似度大于 0.97，认为两个时刻的工况条件基本一致，即 $SIM(M(t+T_1), M(t)) \geqslant 0.97$。此时在 $\bar{y}(t)$ 基础上采用修正规则对时刻 $(t+T_1)$ 的设定值进行校正，再送给回路系统后，考察该时刻 $(t+T_1)$ 的实测品位值，如果品位合格，将修正后的 $\bar{y}(t+T_1)$ 作为新案例的解，产生一条新案例以备案例库进行案例存储。如果品位仍然没有进入目标范围，则继续校正，直至检测品位合格。根据专家经验，提取案例修正规则为：

$If\ G_{1min}^* > G_1(t)\ and\ G_{2max}^* > G_2(t)\ then\ \bar{y}_1(t)$ 增加，$\bar{y}_2(t)$ 减少，$\bar{y}_3(t)$ 减少

$If\ G_{1max}^* > G_1(t) > G_{1min}^*\ and\ G_2(t) > G_{2max}^*\ then\ \bar{y}_1(t)$ 减少，$\bar{y}_2(t)$ 增加，$\bar{y}_3(t)$ 增加

$$(3-21)$$

具体举例如下：

(1) If $B_4 = 1$ and $-0.3 \geqslant \Delta G_1(t) > -0.7$ and $-0.7 \geqslant \Delta G_2(t) > -1.5$

Then $\bar{y}_1(t+T_1) = \bar{y}_1(t) + 2, \bar{y}_2(t+T_1) = \bar{y}_2(t) - 4, \bar{y}_3(t+T_1) = \bar{y}_3(t)$。

(2) If $B_4 = 1$ and $\Delta G_1(t) > 1.5$ and $1.5 \geqslant \Delta G_2(t) > 0.7$

Then $\bar{y}_1(t+T_1) = \bar{y}_1(t) - 2, \bar{y}_2(t+T_1) = \bar{y}_2(t) + 7.5, \bar{y}_3(t+T_1) = \bar{y}_3(t) + 1.5$。

5）案例存储与基于聚类方法的案例维护

(1) 案例存储

每次强磁选过程回路设定值送给回路控制系统执行后，经过化验得到精矿品位、尾矿品位实际值，将精矿品位和尾矿品位期望值的属性值改为当前化验得到的实际值，以符合当前工况条件，从而产生一条新案例。当新案例与历史案例

中最高相似度低于 0.97 则直接存储,否则删除相似度最高的历史案例后存储新案例。推理系统通过案例保存机制,案例库不断得到进行更新,从而实现了对工况变化的自学习。

（2）基于聚类方法的案例维护

由于本文的回路设定模型的案例推理系统的第三步案例检索阶段采用了相联检索方法,案例的检索时间与案例库中的案例数目成线性增长关系,因此,在案例库的维护上主要考虑案例库的冗余性、完备性和相容性。案例维护主要包括两个过程:首先对典型案例进行的重新组织,然后对普通案例进行冗余案例的删除。

① 典型案例的重新组织

典型案例是根据强磁选过程运行和操作经验总结建立的,共 54 条初始典型案例,用于其后的相同或相似工况的控制。初始典型案例的选取需要保证案例库的覆盖范围,所选案例应覆盖生产中各种工况,且具有代表性。根据 B_4、y_1、y_2、y_3 几个主要变量进行分类,如矿石可选性 B_4 分为好、中、差,其他数值型变量在其取值范围内进行分段,经过组合得到 54 种工况,因而相应确定初始典型案例数量为 54。然而随着大量新案例的加入,随着新批次产品的增加,案例空间的分布可能会不断呈现出新的状态,比如空间重心的改变、新的子空间的出现,这时案例库需要重新得到组织。本文采用减法聚类算法[123]来重新组织案例库。组织方法是将所有第三层普通案例与原有典型案例集中,采用减法聚类,找到新的聚类中心作为第二层典型案例。减法聚类算法解决了一般聚类算法存在的随所求问题的维数增加而呈指数增长的问题,即"维数灾难"问题,使用减法聚类确定的中心效率高。具体算法如下:

a. 对数据进行归一化,给定接受比 0.5 和拒绝比 0.15。

b. 计算待聚类的每一个数据对的势值,考虑 r 维空间的 n 个数据点。由于每个数据点都是聚类中心的候选者,因此,数据点 j 处的势值定义为

$$P_j = \sum_{i=1}^{n} \exp[-\frac{||X_i - X_j||^2}{(\frac{r_a}{2})^2}] \quad r_a > 2 \tag{3-22}$$

c. 开始循环聚类

第 1 步　选出最高势值 P_1 的数据对 X_1 作为聚类的参考,每个数据对的新势值由下式更新:

$$P_i = P_i - P_1 \cdot \exp[-\frac{||X_i - X_1||^2}{(\frac{r_b}{2})^2}] \quad r_b \approx 1.5r_a \tag{3-23}$$

第 2 步　如果 P_i/P_1 大于接受比 0.5,则接受其为一类,聚类数目加一;

第 3 步　如果 P_i/P_1 大于拒绝比 0.15，只有在它既有一个合理的势值又远离其他聚类中心时，才接受它为一类，否则拒绝接受为新类；

第 4 步　只要接受为新的一类，就做减小势值运算，然后在剩下的势值中选择一个最高的，返回 b。

最终聚类的数目即为典型案例的数目，聚类中心即为典型案例。

② 普通案例的冗余案例的删除

随着案例推理系统的不断学习与存储，案例库中的案例不断增加，有可能产生冗余案例。冗余案例的判断采用循环比较法，对第三层每个典型案例对应的子案例库中所有案例进行案例相似度的比较，找出冗余案例并进行删除。假设某个第三层子案例库中有 n 条案例，依次进行如下步骤：

第一步：构造一个临时案例库 CB_0。

第二步：取该子案例库中时间最新的一条案例标记为 M_1，其余的标记为 $M_2,\cdots,M_n$。将 $M_i(i=2,3,\cdots,n)$ 分别与 M_1 进行相似度比较，删除相似度在大于阈值 0.95，小于 1 之间的冗余案例，然后将 M_1 移入 CB_0 中。假设删除与 M_1 相似的冗余案例 n_1 条，除了保留的案例 M_1，还剩余 $n-n_1-1$ 条案例。

第三步：对剩下的案例重新进行编码，在其中取出时间最新的一条案例标记为 M_1，其余的标记为 $M_2,\cdots,M_{n-n_1-1}$。重复进行第二步骤。直到案例库中案例为空。

第四步：将 CB_0 中的各案例移回到子案例库中，得到删除冗余案例后的结果。

3.2.2.2　基于规则推理的反馈补偿器

基于规则推理（rule-based reasoning，RBR）是根据一定的原则（公理或规则）从已知的事实（或判断）推出新的事实（或另外的判断）的思维过程，其中推理所依据的事实叫做前提（或条件），由前提所推出的新事实叫做结论。推理是人们时时刻刻都在使用的方法，不论是学习和科学研究，还是日常生活都在运用着它。规则推理是基于知识的推理，如何获取知识是推理系统的关键和基础。

正如前述，在磁选生产过程中，更多的是依赖于操作员的手工操作，主要缺陷体现在一旦设定好漂洗水流量、励磁电流、给矿浓度的操作值后，可能会很长一段时间不再做调整，这样很容易导致生产偏离正常操作点，影响控制目标的实现。上一节中，设计了可代替操作员工作的回路设定模型，基于案例推理的算法根据工况的变化自动调整漂洗水流量、励磁电流、给矿浓度的设定值，具有一定的智能行为。由于磁选生产过程具有的综合复杂性，诸如干扰众多、不确定性普遍等，使得回路设定模型给出的预设定值并不一定能反映当前的工况变化，可能会不适应当前的操作环境。为了弥补这一缺陷，反馈补偿是一个很好的解决办法,例如,在飞行器的姿态跟踪控制中,为了克服系统不确定性、多变量参数耦合及各种干扰,利用反馈补偿的原理对参数不确定性及外部干扰进行辨识并实时给出补偿值,使得跟踪误差到达允许范围[124],还有机械系统摩擦力的反馈补偿[125,126],将模糊自适应 PID 控制器用于轧钢控制系统中的反馈补偿[127]等,这些研究有一个共同点就是基于模型的设计方法,需要对系统参数进行在线辨识,这对内部机理复杂而难于建立机理模型的磁选过程来说,基于模型的反馈补偿方法很难实现。人工智能中的专家系统思想绕开了建立精确机理模型的过程,可以总结工艺专家的操作经验与知识,通过建立专家规则来实现磁选过程漂洗水流量、励磁电流、给矿浓度预设定值的反馈补偿。为此,设计了反馈补偿器来消除预设定值可能不合理的现象,它的主要功能是比较精矿品位、尾矿品位目标值和精矿品位、尾矿品位实际化验值之间的偏差,以两个指标的实际偏差作为调整参数,消除未知干扰对系统的影响。品位的实际值获取过程为经自动采样机采样,拿到实验室化验,采样间隔为 2 个小时,因此,反馈补偿器是以 2 小时为一个补偿周期的。反馈补偿器结构如图 3-6 所示,下面具体介绍反馈补偿器的专家规则建立过程。

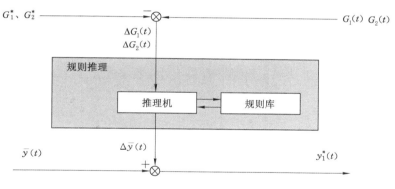

图 3-6　反馈补偿器结构图

本文采用原型分析方法[128]提取专家规则。在原型分析技术中,受访者需要把解决问题或制定决策过程中所有的推理过程表达出来,这些语言形式的知识通常是被记录下来,然后重新整理。整理后的材料再利用某一特定的编码方案进行分析。而这种经过整理的知识描述即为“原型”。不管“原型”的形式如何,它必须使知识工程师比较容易地获取指定的信息,并对他们进行整理和编码。根据处理问题的领域不同。更为理想的情况是产生“机动”原型,甚至“随动”原型以更加清楚地了解专家在某一任务上的表现。机动原型需要知识工程师密切观察并详细记录领域专家的动作,这对于获取某种专门知识是应当的。

所有的原型都可以分为"并发式"和"回溯式"。其中并发式原型指的是在领域专家解决问题的同时对其思维过程的记录;而回溯式原型是指领域专家完成某项任务后对其回顾叙述进行的记录,常用于领域专家不便于在执行任务的同时进行描述的情况。这些记录好的原型将由知识工程师转化为更加规范的原型,概括知识中的要点,用既定的形式表示出来以便于使用。当原型形成既定的形式后,知识工程师就可以利用原型进行实际分析了。分析包括把专家的决策规则分解成一些典型的、自然递进的决策规则。这些规则还可以在最后的专家系统形成前继续由领域专家等进行精确化处理。

原型分析已成为最为通用的知识获取工具,因为这种技术可以让专家专注于某一项特定的任务而不会受到知识工程师的干扰;可以让专家不间断地思考问题求解过程,因而有可能形成新的思想源;它的灵活性很好,许多种不同类型的任务(如仿真、特殊案例等)都可以作为原型的基础;拥有了原型的记录可以帮助知识工程师识别特定的论题以及知识获取过程中遗失的一些步骤。从实际应用的角度来看,原型分析方法几乎不需要辅助设备或对知识工程师进行专门培训。

原型分析技术的主要问题是需要领域专家把他们的行为表达出来。而通常的情况是所研究的技术非常程式化,以至于专家无法描述甚至对其中的一些环节没有完全清楚的意识。这种现象通常被称为"经验悖论"[129]。后来提出的一些知识获取技术需要知识工程师主动参与到问题求解过程。这些技术基于这种思想:在某种程度上知识工程师必须成为领域专家,这样才可以成功地把专家知识转化成机器表达式[130,131]。

采用原型分析方法,结合强磁选机操作的专家经验,提取设定值补偿方法"原型",整理成专家规则存储在专家系统的知识库中。随着系统的运行,知识库不断更新和升级,保证知识的一致连续性以及规则推理结果的正确性。知识库中的知识采用产生式专家规则[132,133],表示方法如下:

$$IF <前提> THEN <结论>$$

其中,规则中的前提条件是当前品位指标的控制误差($\Delta G_1(t)$和$\Delta G_2(t)$所处的区间范围,结论就是对预设定值的补偿量$\Delta \bar{y}(t)=[r1,r2,r3]$,$r1$,$r2$,$r3$分别为漂洗水流量、励磁电流、给矿浓度的补偿校正值。前提条件中的$\Delta G_1(t)$为精矿品位实际值$G_1(t)$与目标值G_1^*的偏差即$\Delta G_1(t)=G_1(t)-G_1^*$,$\Delta G_2(t)$为尾矿品位实际值$G_2(t)$与目标值$G_2^*$的偏差即$\Delta G_2(t)=G_2(t)-G_2^*$。将$\Delta G_1(t)$和$\Delta G_2(t)$的变化范围划分为七个区间,取$T_i(i=1,2,3)$为$\Delta G(t)$变化区间的上下限值。$\Delta G_1(t)$与$\Delta G_2(t)$变化范围的限定值由表3-6给出:

表 3-6　变量变化区间限定值

变量	区间限定值	
	下限	上限
	$T3$	
	$T2$	$T3$
	$T1$	$T2$
$\Delta G_1(t)$	$-T1$	$T1$
	$-T2$	$-T1$
	$-T3$	$-T2$
		$-T3$
	$T3$	
	$T2$	$T3$
	$T1$	$T2$
$\Delta G_2(t)$	$-T1$	$T1$
	$-T2$	$-T1$
	$-T3$	$-T2$
		$-T3$

在规则中根据变量与限定值的关系得出设定值的补偿值 $\Delta \bar{y}(t)$。

用于产生补偿值的专家规则获取过程为：根据专家经验与现场数据提取确定补偿值的知识原型，如：$\Delta G_1(t)$ 高于下限 $-T1$，低于上限 $T1$，且 $\Delta G_2(t)$ 低于上限 $T1$ 时，精矿品位、尾矿品位都正常，此时补偿值为 $\Delta \bar{y}(t)=0$，表示成专家规则为 Rule11：

Rule 11：IF $T1 \geqslant \Delta G_1(t) \geqslant - T1$ AND $T1 \geqslant \Delta G_2(t)$ THEN $\Delta \bar{y}(t)=0$

确定其他补偿值的知识原型和专家规则为：如果矿石可选性 B_4 为 1，$\Delta G_1(t)$ 高于下限 $T1$，低于上限 $T3$，同时 $\Delta G_2(t)$ 高于下限 $T1$，尾矿品位偏高，降低漂洗水流量，提高励磁电流和给矿浓度的设定值，此时补偿值为 $\Delta \bar{y}(t)=[r1, r2, r3]$，表示成专家规则为 Rule21：

$$Rule\ 21：IF\ B_4 = 1\ AND\ T3 \geqslant \Delta G_1(t) > T1\ AND\ \Delta G_2(t) >$$

$$T1\ THEN\ \Delta \bar{y}(t)=[r1, r2, r3] \tag{3-24}$$

采用上述方法提出由表 3-7 所示的专家规则构成的设定值补偿专家规则。

表 3-7　设定值补偿专家规则

Rules	Antecedents			Conclusions
Rule11	$T1 \geqslant \Delta G_1(t) \geqslant -T1$ and $T1 \geqslant \Delta G_2(t)$			$\overline{\Delta y}(t) = 0$
Rule21	$B_4 = 1$ and	$T3 \geqslant \Delta G_1(t) \geqslant -T1$ and	$\Delta G_2(t) > T1$	
Rule31	$B_4 = 1$ and	$\Delta G_1(t) < -T1$	$\Delta G_2(t) \leqslant T1$	
Rule41	$B_4 = 1$ and	$\Delta G_1(t) < -T1$ and	$\Delta G_2(t) > T1$	
Rule51	$B_4 = 2$ and	$T3 \geqslant \Delta G_1(t) \geqslant -T1$ and	$\Delta G_2(t) > T1$	
Rule61	$B_4 = 2$ and	$\Delta G_1(t) < -T1$ and	$\Delta G_2(t) \leqslant T1$	$\overline{\Delta y}(t) = [r1, r2, r3]$
Rule71	$B_4 = 2$ and	$\Delta G_1(t) < -T1$ and	$\Delta G_2(t) > T1$	
Rule81	$B_4 = 3$ and	$T3 \geqslant \Delta G_1(t) \geqslant -T1$ and	$\Delta G_2(t) > T1$	
Rule91	$B_4 = 3$ and	$\Delta G_1(t) < -T1$ and	$\Delta G_2(t) \leqslant T1$	
Rule101	$B_4 = 3$ and	$\Delta G_1(t) < -T1$ and	$\Delta G_2(t) > T1$	

　　上述规则中由于变量限定值不同，构成当前的 145 条规则。由于补偿值 $\overline{\Delta y}(t)$ 与矿石可选性 B_4 相关，因此将其引入推理规则。$r1, r2, r3$ 分别为漂洗水流量、励磁电流、给矿浓度的校正值，对应不同前提条件，取不同值。补偿结果的推理采用正向推理机制，将数据库中的数据集合与知识库中规则的前提条件进行匹配，当满足上述规则时，确定漂洗水流量、励磁电流、给矿浓度的补偿值 $\overline{\Delta y}(t)$ 作为推理结果。下面以一个反馈补偿的例子具体说明反馈补偿器的工作过程：

　　假设时刻 t 矿石可选性为 2，经采样化验得到精矿品位、尾矿品位的实际值 $G_1(t)$、$G_2(t)$，则可以计算精矿品位和尾矿品位的实际值与期望值的偏差，即 $\Delta G_1(t)$ 与 $\Delta G_2(t)$，设 $\Delta G_1(t) = 0.58$，$\Delta G_2(t) = 0.37$，变化区间限定值为 $[T1, T2, T3] = [0.3, 0.7, 1.5]$ 时，$\Delta G_1(t)$、$\Delta G_2(t)$ 在七个变化区间范围内满足 $T2 \geqslant \Delta G_1(t) > T1, T2 \geqslant \Delta G_2(t) > T1$，精矿品位正常，尾矿品位稍高，进而可以建立规则的前提条件：

　　　　$B_4 = 2$ AND $T2 \geqslant \Delta G_1(t) > T1$ AND $T2 \geqslant \Delta G_2(t) > T1$

　　依据该前提条件在规则库中找到相应的规则，得到规则的后件结果为

$$\overline{\Delta y}(t) = [-1 \text{ m}^3/\text{h}, 3.5 \text{ A}, 0]$$

　　即在目前前提条件下，得到的反馈补偿量分别为

$$\overline{\Delta y_1}(t) = -1 \text{ m}^3/\text{h}, \overline{\Delta y_1}(t) = 3.5 \text{ A}, \overline{\Delta y_1}(t) = 0$$

　　对 $t + T$ 时刻的回路设定值校正，得

$$y_1^*(t + T) = y_1^*(t) + \overline{\Delta y_1}(t)$$

$$y_2^*(t + T) = y_2^*(t) + \overline{\Delta y_2}(t)$$

$$y_3^*(t+T) = y_3^*(t) + \Delta \overline{y}_3(t)$$

将校正后得到回路设定值 $y_1^*(t+T)$、$y_2^*(t+T)$、$y_3^*(t+T)$ 送给回路控制系统执行。

3.2.3　回路控制算法

强磁选过程回路控制包括漂洗水流量控制、励磁电流控制和给矿浓度控制。控制回路设定层给出的设定值 $y^*(t)$ 分别输入到漂洗水流量、励磁电流、给矿浓度三个控制回路,要求回路控制系统能实现这三个变量的稳定跟踪控制。长期以来,上述三个关键工艺参数的控制均采用人工操作模式,由操作人员根据现场的巡检信息和生产报表凭经验对变化的信息进行判断和决策,继而手动调整漂洗水流量、励磁电流、给矿浓度的大小。由于工况的复杂性,包括边界条件的无规律变化、给矿浓度采用离线化验等因素的影响,操作者难以及时发现信息的变化,从而生产过程的精确控制得不到保障,造成控制精度不理想,能源消耗很大,直接影响了精矿品位、尾矿品位的优化实现。

PID 控制是最早发展起来的控制策略之一,由于其算法简单,便于实现,鲁棒性好及可靠性高,被广泛应用于工业生产过程控制中[134]。PID 控制器的参数整定方法一直以来都是广大研究人员关注的焦点,比如,Z-N 法[135]、继电反馈法[136]。本文设计的强磁选过程三个工艺参数的回路控制均采用 PID 控制方法。本节主要介绍漂洗水流量、励磁电流、给矿浓度三个回路控制系统的结构,并以给矿浓度即浓密机底流浓度控制回路为例介绍 PID 控制器的设计。

3.2.3.1　浓密机底流浓度控制

浓密机的作用主要是将矿浆浓缩,进而保证后续作业浓度。浓缩后的矿浆浓度对后续工艺影响很大,浓度过高或过低都直接影响着生产率、生产成本和设备的安全运行。同时,确保溢流水澄清,浊度符合工艺标准,返回联合泵站循环使用,达到节约用水的目的。图 3-7 为浓密机的结构示意图。浓密机设备技术性能指标见表 3-8。

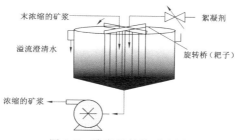

图 3-7　浓密机结构示意图

表 3-8　浓密机设备性能指标

项目	单位	标准
直径	m	50
深度	m	4.503
面积	m^2	1 963
耙架运转一周时间	min	20
处理能力	t/台·h	160
最大处理能力	t/台·h	干矿 363;水 980

1. 回路控制结构

浓密机底流浓度即给矿浓度的控制是通过加装底流泵变频器来调整底流泵转速来实现的,采用核子浓度检测浓度实际值构成闭环回路。给矿浓度控制回路的现场设备联系图如图 3-8 示,回路控制原理如图 3-9 所示。

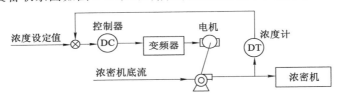

图 3-8　浓密机底流浓度设备联系图

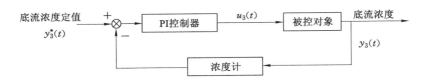

图 3-9　浓密机底流浓度控制回路结构图

2. 控制器参数整定

为了设计一个过程自动控制系统,首先需要知道被控对象的数学模型。然后依据被控对象的数学模型,按照控制要求来设计控制器。过程控制中存在许多建模方法,基于过程的化学和物理理论模型代表了一种选择。然而,对于复杂过程设计严格的理论模型并不实用。因此,本书采用直接基于实验数据设计过程实验模型。

对于浓密机底流浓度对象,可以近似为一阶线性模型,利用阶跃响应建立模型,通过观察过程响应曲线获得模型参数。模型的输入变量是底流变频器频率,输出是浓密机底流密度。实际输入变频范围是 33～50 Hz。按照阶跃响应建立模型的方法,系统的阶跃输出一般取输入量程的 5%～15%,本文选择 10%,即输入变化量为 1.7。考虑到不影响生产的正常运行,实验时在 7:43 时刻将变频器的频率从 36.7 Hz 调整为 35 Hz,从而得到系统的负阶跃响应曲线。等输出稳定后,在 8:30 再将变频器的频率从 35 Hz 调整为 36.7 Hz,得到正阶跃响应曲线。观察负向特性曲线,建立对象的实验模型,再根据正反特性曲线的形状的对比来判断系统的非线性程度。系统阶跃响应曲线如图 3-10 所示。

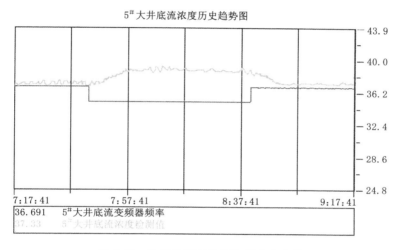

图 3-10   浓密机底流浓度阶跃响应曲线

从响应曲线可以看出,在 7:43 时刻,变频频率从 36.7 Hz 调整为 35 Hz,此刻浓密机底流浓度从原来的 37.2 逐渐开始变化,经过 4 分钟后出现拐点,浓密机底流浓度继续上升,于 7:57 时趋于稳定状态。从 8:40 开始的正向阶跃响应曲线出现类似的变化趋势。因此,忽略该过程的非线性部分,从系统的响应速度和正向阶跃响应曲线的形状可以认为该过程是一阶惯性环节加纯时延过程,表示为:

$$G_m(s) = \frac{k}{1+Ts}e^{-\tau t} \tag{3-25}$$

确定模型参数的方法依据如图 3-11 所示,根据图解可得:

$$\tau = 3$$
$$T = 6$$
$$k = \frac{38.9 - 37.2}{35 - 36.7} = -1 \tag{3-26}$$

因此,根据阶跃响应曲线得到的模型为

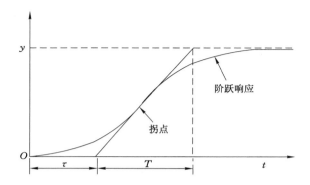

图 3-11　确定一阶加纯迟延模型参数的过程响应曲线的图解分析

$$G_m(s) = \frac{1}{1+6s}e^{-3s} \tag{3-27}$$

　　考虑采用工程界最常用的 PID 控制器进行控制,对浓密机底流浓度控制过程采用 PI 控制器,并采用内模控制方法对 PI 参数进行整定。如图 3-12 所示,内模控制(internal model control,IMC)方法是一种全面的基于模型的 PID 参数整定方法[137],是由 Morari 和他的合作者发展起来的,类似于常用的直接综合方法(DS),IMC 方法基于一个假设的过程模型,并得到一个控制参数设定的解释表达。

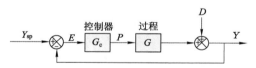

图 3-12　传统反馈控制框图

　　IMC 模型基于图 3-13 所示的简化框图,过程模型 $\tilde{G}$ 和控制器输出 P 用来计算模型响应 $\tilde{y}$。真实响应 Y 减去模型响应 $\tilde{y}$ 得到差 $Y-\tilde{y}$ 用来作为 IMC 控制器的输入信号 G_c^*,一般来说,由于存在模型误差($\tilde{G} \neq G$)以及未被考虑进模型的未知扰动($D \neq 0$),所以 $Y \neq \tilde{y}$。

　　图 3-12 和图 3-13 比较了传统的反馈控制框图和 IMC 框图。可以看到,当 G_c^* 和 G_c 满足下面的关系时,两个框图等价。

$$G_c = \frac{G_c^*}{1-G_c^*\tilde{G}} \tag{3-28}$$

　　因此 IMC 控制器 G_c^* 和标准反馈控制器 G_c 是等价的,反之亦然。

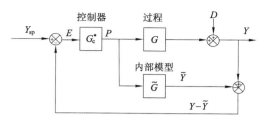

图 3-13　IMC 控制框图

将上述由式(3-27)表示的实验模型作为内模控制策略中系统模型 $\tilde{G}$,即 $G_m = \tilde{G}$。设计内模控制器,首先需要将已经辨识出来的系统模型中的滞后项进行如下一阶 Pade 近似:

$$e^{-3s} = \frac{1 - \frac{1}{2} \times 3 \times s}{1 + \frac{1}{2} \times 3 \times s} = \frac{1 - 1.5s}{1 + 1.5s} \tag{3-29}$$

则式(3-27)可表示为

$$G_m(s) = \frac{-1}{1 + 6s} \cdot \frac{1 - 1.5s}{1 + 1.5s} \tag{3-30}$$

分解这个模型为 $G_m = G_+ G_-$,其中

$$G_+ = 1 - 1.5s$$

$$G_- = \frac{-1}{(1 + 6s)(1 + 1.5s)} \tag{3-31}$$

则内模控制器为

$$G_c^* = \frac{1}{G_-} f \tag{3-32}$$

式中,f 是稳态增益为 1 的低通滤波器。它具有典型形式 $f = \frac{1}{(1 + \tau_c s)^r}$,$\tau_c$ 代表期望闭环时间常数。如果选择 $r = 1$,则内模控制器为

$$G_c^* = \frac{1}{G_-} f = \frac{(1 + 6s)(1 + 1.5s)}{1 + \tau_c s} \tag{3-33}$$

设 PID 控制器 G_c:

$$G_c(s) = K_p \left(1 + \frac{1}{T_i s} + T_d s \right) \tag{3-34}$$

由式(3-28)和式(3-33)可以计算 G_c

$$G_c = \frac{(1 + 1.5s)(1 + 6s)}{\left(\tau_c + \frac{\theta}{2} \right) s} \tag{3-35}$$

整理成 PID 形式并对比，得

$$K_p = \frac{5}{\frac{2}{3}\tau_c + 1}, \ T_i = 7.5, \ T_d = 1.2 \tag{3-36}$$

上式就是根据 IMC 控制原理整定出来的一阶惯性加纯滞后标准被控对象 PID 控制器参数。

滤波常数 τ_c 的选择在基于 IMC 的 PID 参数整定过程中是一个关键参数。通常来说，增大 τ_c 将导致一个更保守的控制器，因为 K_c 随着 τ_c 增大而减小。以下是一些常用的滤波常数 τ_c 选取准则：

1. $\dfrac{\tau_c}{\theta} > 0.8$，且 $\tau_c > 0.1T$

2. $T > \tau_c > \theta$

按照上述滤波常数选取标准，分别选取准滤波常数 $\tau_c = 3, 4, 5, 6$，其 PI 控制器仿真效果如图 3-14 所示。此时 K_p 的取值如表 3-9 中所列。

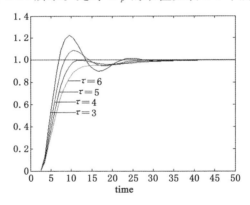

图 3-14　不同滤波常数下的给矿浓度 PI 控制效果

表 3-9　K_p 取值表

τ_c	3	4	5	6
K_p	15/9	15/11	15/13	15/15

选取上述不同滤波常数的 PI 控制器仿真效果的相应曲线可以看出，$\tau_c = 6$ 时输出超调小，调节时间少，对应的 PI 参数为

$$K_p = \frac{5}{\frac{2}{3}\tau_c + 1} = 1, K_i = \frac{1}{T_i} = 0.13 \tag{3-37}$$

即选择比例参数为 1,积分参数为 0.13 的 PI 控制器可以满足控制要求。

另外,实际系统与实验数据建立的模型必定存在一定误差,但是可以对实际应用起到指导作用。假设被控对象大井浓度模型与辨识模型不完全相同,取 $G_m = \dfrac{1}{1+8s}e^{-4s}$,而 PI 控制器仍选用上述整定的参数,查看控制效果。由图 3-15 仿真效果图可以看出,辨识的被控对象模型出现偏差时,基于 IMC 整定的 PI 控制器仍能对其进行很好的控制,因而鲁棒性较好。实际上,该比例积分仅仅给出了理论指导值,在实际应用时,仍需要在此基础上做适当调整。调整后实际应用的比例积分数据分别为 0.8,0.09。

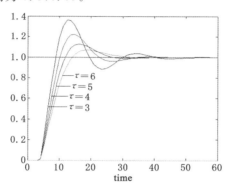

图 3-15　被控制对象模型参数出现聂动时的给矿浓度 PI 控制效果

3.2.3.2　漂洗水流量控制

漂洗水流量控制系统由检测水流量的电磁流量计,执行机构等百分比流量特性的电动调节阀,以及 PI 控制器组成。PI 控制器根据漂洗水流量设定值与电磁流量计检测的实际流量值的偏差,控制电动调节阀门开度使水流量跟踪设定值。漂洗水流量控制回路的现场设备联系图如图 3-16 所示,回路控制原理如图 3-17 所示。漂洗水流量的 PI 参数整定与底流浓度控制回路的整定方法类似,根据阶跃响应曲线得到的模型为

$$G_m(s) = \frac{1}{1+8s}e^{-s} \qquad (3-38)$$

基于 IMC 设计的 PI 控制器为

$$G_c(s) = 1 + \frac{1}{8.5s} \qquad (3-39)$$

即选择 PI 控制器参数为比例系数为 1,积分系数为 0.12。在实际应用时,由于存在多个漂洗水管路争水的问题,容易引起震荡,因此在正常整定出的 PI 参数基础上需要减小 Ki,经过调整得到 PI 参数为 $Kp = 1, Ki = 0.001$,即 Ki

选取的非常小,这样系统的调节时间较长,但保证了系统的稳定性。

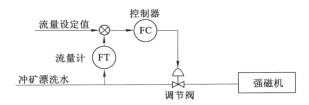

图 3-16 漂洗水流量设备联系图

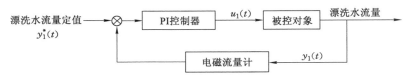

图 3-17 漂洗水流量控制回路结构图

3.2.3.3 励磁电流控制

强磁机励磁系统采用晶闸管整流电流把交流电转换为直流电,因而励磁电流回路由检测电流的电流互感器,执行机构整流器,以及 PI 控制器组成,控制器根据励磁电流设定值与电流互感器检测的实际电流值的偏差,控制整流器使励磁电流跟踪设定值。励磁电流控制回路的设备联系图如图 3-18 所示,回路控制原理如图 3-19 所示。对于励磁电流的控制目前已经有比较成熟的励磁整流系统可以用于为强磁机提供直流励磁电流,并可以方便、稳定地实现励磁电流的调整。采用 SIEMENS 公司的 SIMOREG K 6RA24 系列励磁整流装置,实现励磁电流的控制。该装置励磁回路采用单相半控桥可控硅整流电路,电流调节器采用 PI 控制器,通过电流互感器检测励磁电流实际值形成闭环。

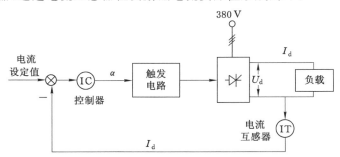

图 3-18 励磁电流控制设备联系图

图 3-19　漂洗水流量控制回路结构图

3.3　本章小结

　　本章针对强磁选过程中存在的主要问题,即关键工艺参数的设定困难、工艺参数的稳定控制问题、关键工艺参数实时测量困难的问题等,考虑到强磁选生产过程呈现多变量强耦合、强非线性、过程机理不甚清楚等综合复杂性,将智能控制与常规控制方法相结合、建模与控制相集成、软测量、故障诊断与优化控制相结合,提出了以提高精矿品位、降低尾矿品位为目标的智能优化控制方法,即通过智能优化设定层和智能过程控制层两层结构实现了强磁选过程的智能优化控制。在提出的智能优化控制方法中,通过优化设定模型快速适应矿石性质变化对品位指标的影响,通过反馈补偿器补偿工况波动、未知扰动等对系统的干扰,保证了所述方法的整体有效性和适用性。

　　回路设定模型解决了影响精矿品位、尾矿品位的关键变量的设定问题;漂洗水流量、励磁电流、给矿浓度的 PID 控制解决了工艺参数的稳定跟随控制问题。

　　针对一个具体的工业过程,要实现工艺指标的优化,在进行自动化技术的改造过程中,首先需要分析对象的特点和控制任务,在此基础之上寻求合适的控制方案,这也是计算机控制系统设计、开发与应用于工业生产过程的基础。

第4章 智能优化控制系统的设计与开发

近年来,随着计算机技术、控制技术、通信技术、网络技术等快速发展,流程工业自动化程度不断提高,各企业越来越重视工艺过程的自动控制实现。对自动化程度低,生产成本高,资源消耗大,环境污染严重的复杂生产过程,采用传统的控制结构难以对其进行有效的控制,因而急需引入先进控制技术改善控制效果,从而取得更大的经济效益。欧洲钢铁工业技术发展指南指出:"对于降低生产成本、提高产品质量、减少环境污染和资源消耗只能通过全流程自动控制系统的优化设计来实现"[138]。采用计算机控制系统是对磁选过程实现成功控制的关键,采用新的合适的控制结构及在此基础之上建立的计算机控制系统是解决上述问题的关键。文[139]提出了采用过程控制、过程优化、生产调度、企业管理和经济决策五层结构的综合自动化系统。文[140]提出了由过程稳定化、过程优化、过程管理三层结构组成的选矿生产过程自动化系统。文[141]提出了基于企业资源计划(ERP)/制造执行系统(MES)/过程控制系统(PCS)三层结构的金矿企业综合自动化系统,并成功应用于中国排山楼金矿。这些课题的研究与工业领域的应用不仅提高了控制精度,而且节约了能源,使产品质量得到了大幅提高,解决了企业所关心的综合生产指标的优化控制实现起来困难的问题,取得了显著成效。

我国铁矿石中赤铁矿占很大比重,矿石品位普遍偏低,脉石成分复杂,连生紧密,难以选别,而选矿行业自动化改造起步较晚,相对其他行业差距很大,其生产现状是自动化程度低,生产成本高,资源消耗大,环境污染严重。强磁选过程具有机理复杂,多变量强耦合,过程中不确定因素多,精矿品位、尾矿品位难以在线连续测量等特性。因此采用传统的控制结构及方法难以对其进行有效的控制。

对于复杂的工业过程控制来说,不仅仅是信号的检测与设备的启停,而且还有众多的回路控制以及工艺过程工艺指标的优化。实现EIC三电一体化是当今工业自动化领域的一个发展方向。总体来说,对控制系统有可靠性、实用性、先进性以及经济性的要求。具体来说,在控制系统的设计过程中需要注意以下几个原则:

（1）对于电气系统的设计来说，应该满足控制站供电电源与接地系统的要求，考虑电网电压的波动对系统的影响，能够方便地进行计算机启停控制和电气控制方式的转换，完成对现场电机进行变频调速的任务，确定重要设备的电气保护方案及实施。

（2）对于仪表系统的设计来说，由于磁选过程环境复杂，检测点较多，检测难度较大，而重要参数的检测对安全生产、稳定运行、优化控制具有很大的意义，这样就对检测方式、检测元件、仪表供电、仪表防护等提出了更高的要求。不仅需要有抗各种干扰的能力，而且能够防止粉尘对仪表的损害，以保证测量精度，同时，检测矿浆浓度等参数需要采用核仪表，需要保证生产安全，防止放射源核泄漏等问题。

（3）在电气及仪表系统可靠、了解工艺过程及特点的基础上，对计算机控制需要确定其结构及需要完成的功能，进而用程序来实现其控制功能。系统可以对工艺指标及控制系统进行优化控制及在线寻优，以保证产品的质量等生产指标的优化实现。

（4）逻辑控制部分应能完成对条件的判断及设备的启停顺序控制、联锁保护功能，保证设备的安全运行，延长其使用寿命。

（5）回路控制部分应能对需要调节的被控变量实现稳定化跟随控制，有针对性地对一些参数进行控制方式的改进，将先进控制技术应用于回路控制中，以保证一定的控制精度要求。

（6）过程监控部分应保证操作指导画面的直观性、友好性，操作员可以方便地实现过程监控、重要参数的记录及显示、异常情况的处理等，达到人机优势互补的目的。

4.1　智能优化控制系统的体系结构

由于磁选生产过程基本采用人工操作，操作员根据精矿品位、尾矿品位的化验值和精矿品位、尾矿品位的目标值以及矿石性质等边界条件凭经验给矿阀开度、漂洗水阀开度来控制给矿浓度、漂洗水流量，以达到将精矿品位、尾矿品位控制在其目标值范围内的目的。生产过程相关设备启停控制都是由操作员在现场操作箱手工操作实现。这样造成了生产人员多、生产效率低、生产成本高、资源消耗巨大，选别车间操作工人劳动强度大、工作环境较差的局面。

结合酒钢选矿厂强磁选生产过程的实际，采用上一章提出的强磁选过程智能优化控制方法，采用过程管理层与过程控制层二层结构的智能控制系统体系架构，设计并开发了如图 4-1 所示的磁选过程的智能控制系统，该系统具有过程管理层、过程控制层以及计算机支撑系统等部分组成,其中过程控制层包括优化设定和过程回路控制两部分组成,计算机支撑系统包含实时数据库、计算机网络等。

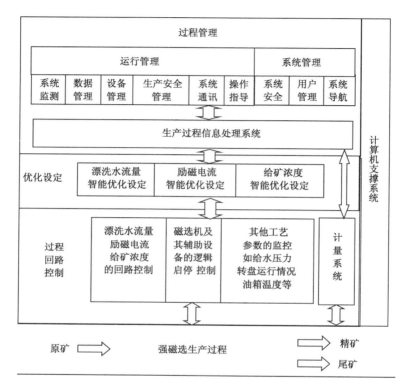

图 4-1　磁选过程综合自动化系统体系结构

过程控制层采用 EIC 一体化计算机集散控制系统集成设计技术。其中优化设定部分根据输入信息,取代现场操作员采用智能方法对漂洗水流量、励磁电流、给矿浓度进行优化设定,给出优化设定值,过程回路控制部分具有回路控制模块、逻辑控制模块和关键工艺参数的监控模块等,对上述三个关键变量进行稳定跟随优化设定值的控制,完成其稳定控制功能,使精矿品位、尾矿品位的实际值处于其目标值范围内。

过程管理层采用以将精矿品位、尾矿品位控制在目标值范围内为目标的生产过程优化运行与优化管理技术,具有运行管理和系统管理两部分。过程管理层对过程控制层进行管理,提供给操作员一定的操作指导,保证系统的正常、协调运行。

　　计算机支撑系统有监控软件、实时数据库和计算机网络系统组成,通过计算机支撑系统实现过程控制系统和过程管理系统的信息集成,通过计量系统实现数据的采集与处理,在上述各系统的共同作用下,实现了强磁选过程的智能控制。

4.2　智能优化控制系统的功能

　　磁选生产过程智能控制系统包括:过程控制层、过程管理层(系统功能图参见图 4-2)。各部分的主要功能如下所述:

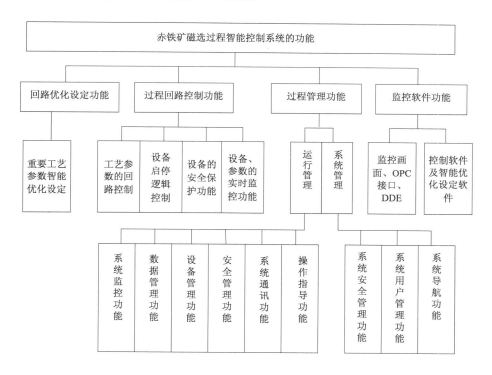

图 4-2　磁选过程智能控制系统的功能图

　1. 过程管理

　　过程管理分为运行管理和系统管理两部分。运行管理具有系统监测、数据管理、设备管理、生产安全管理、系统通讯和操作指导等功能。系统监测功能对数据进行采集、处理以及生产过程的监控;数据管理功能包括工艺参数实时数据采集、存储,工艺参数趋势显示,数据统计分析等;设备管理功能对设备故障进行报警,对设备的维护进行管理,帮助制定维修计划,保证设备的安全运行;生产安全管理功能包括设备间的连锁保护,关键操作执行前确认,以保证生产安全;系统通讯功能实现各个控制子系统和各级计算机网络之间的通讯;操作指导功能是系统根据采集的数据和人工输入、设定信息判断当前的生产状况和操作条件,给出相应的操作指导、提示需要注意的信息等。系统管理具有系统安全管理、用户管理和系统导航等功能。系统安全管理保证系统不被恶意破坏和记录所发生过的事件和所进行的操作,系统的进入需要用户和密码,同时对运行中的活动和报警进行记录;用户管理用来增加和删除用户,对用户的权限进行设定和用户密码进行修改;系统导航实现系统内部导航功能,实现监控画面之间的切换和各个子系统间的切换。

2. 过程控制

过程控制采用 EIC(electric instrument computer)一体化计算机集散控制系统集成设计技术,包括回路智能优化设定和过程回路控制两部分,回路的智能优化设定控制系统根据精矿品位、尾矿品位优化控制的要求,采用基于案例推理的智能优化设定技术,通过漂洗水流量、励磁电流、给矿浓度的智能优化设定模型,根据运行工况给出三个关键变量的设定值,并由反馈补偿器对其进行校正,实现三个变量的优化设定,以使精矿品位、尾矿品位进入目标值范围,在保证精矿品位合格的基础上尽量降低尾矿品位,以取得更大的经济效益。

过程回路控制实现的功能包括关键工艺参数的回路控制、设备逻辑启停控制和设备的安全保护以及设备、工艺参数的实时监控功能等,其中回路控制模块实现漂洗水流量、励磁电流与给矿浓度的稳定控制,使其跟随设定值,从而实现精矿品位和尾矿品位的优化控制;逻辑控制模块功能包括对强磁选机及附属设备的启停操作和逻辑连锁操作的控制,还包括弱磁选过程的弱磁选机等设备的启停、连锁操作的控制,以保证设备正常、稳定、安全地运行。

3. 计算机支撑系统

计算机支撑系统由监控软件、实时数据库和计算机网络系统组成,通过计算机支撑系统实现智能优化系统、过程控制系统和过程管理系统的信息集成,从而实现磁选过程的智能优化控制。通过监控软件提供的强大组态功能、先进的OPC 接口功能以及 DDE 数据交换功能,计算机网络与实时数据库的支持,编制了过程控制及智能优化设定软件,将磁选过程的控制、优化和管理集成,实现生产过程管理和过程控制的一体化,从而保证磁选生产过程的优化控制、优化运行和优化管理。

4.3　系统硬件与软件平台

4.3.1　系统硬件平台

系统硬件包括计算机控制系统、执行器、检测变送装置以及电气设备。

控制系统:计算机控制系统采用美国 Rockwell 公司 ControlLogix 系统平台,ControlLogix 结构体系是一个技术先进的控制平台,它集成了多种控制功能:顺序控制,过程控制,运动控制等。ControlLogix 系统是模块化的,用户可以根据其具体应用来选择合适的内存量、控制器个数和网络类型。这种柔性结构允许用户在同一个机架内使用多个控制器、网络通讯及 I/O 模块,ControlLogix 系统组成结构如图 4-3 所示。多控制器功能使用户能够在多个控制器之间分配资源和划分任务。ControlLogix 数据传输总线利用 Producer/Consumer 技术为用户提供一种高性能的、具有确定性的分布式方案。通过通讯接口模块可以实现 ControlLogix 与计算机、分布式处理器和分布式 I/O 的互联。它们可以共享连接到通讯接口模块上的任何 EtherNet、ControlNet 或 DH＋链路。ControlNet 控制网络是一种用于对信息传送有时间苛刻要求的、高速确定性网络。同时,它允许传送无时间苛刻要求的报文数据,但不会对有时间苛刻要求的数据传送造成冲击。它为对等通信提供实时控制和报文传送服务。它作为控制器和 I/O 设备之间的一条高速通信链路,综合了现有的远程 I/O 和 DH＋链路的能力。控制网是基于开放网络技术的一种新发明的解决方案,具有 Producer/Consumer 模式。Producer/Consumer 模式允许网络上的所有节点同时从单个的数据源存取相同的数据。这种模式最主要的特点是:提高了效率,数据源一旦发送数据,多个节点能够同时接收数据,报文是通过目录来识别,数据的发送与客户的数量无关;精确的同步化,更多的设备能够加到网络上,但不需要增加网络的通信量,并且所有接点的数据同时到达。

各种设备可以与控制网连接,包括个人计算机、控制器、操作员界面、拖动装置以及其他与控制网相连接的设备。图 4-4 为 ControlLogix 系统网络结构图,各种网络接口混合配置,各网络间的桥接和路由通过基板完成而不需要处理器的参与。综上所述,ControlLogix 系统平台具有如下特点:

(1) 功能齐全;

(2) 应用灵活;

(3) 操作方便;

(4) 易于维护;

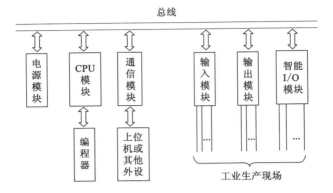

图 4-3　ControlLogix 系统组成结构图

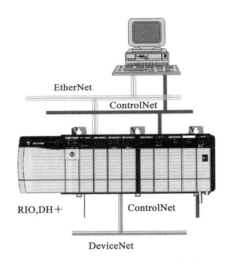

图 4-4　ControlLogix 系统网络结构图

（5）稳定可靠。

电气与仪表设备：电气与仪表设备的选型对于整个控制系统是至关重要的，检测装置及执行机构的精度，直接影响控制效果。电气仪表设备的选型应依据工业过程的具体情况和生产要求，以达到控制要求为目的。强磁选过程涉及的电气仪表设备的种类主要包括变频器、核密度计、电磁流量计、电动调节阀、测温热电阻、电流互感器等。下面分别介绍强磁选过程控制回路的具体检测仪表及执行机构的选择。

浓密机底流浓度回路的控制采用变频器与核密度计配对形成闭环回路。由于浓密机底部矿浆在密闭管道中流动,采用非接触式检测装置具有其他测量方式不可取代的优点,不受矿浆流速、压力温度、黏度、腐蚀等因素的影响,且维护费用较低,因此采用武汉中纽的 NMF-216T 系列核子浓度计作为浓度检测装置。执行机构采用 AB 公司的 1336PLUS 系列变频器调节底流泵电机的转速,即能满足控制要求同时达到节约电能的目的。

冲矿漂洗水流量的控制采用电磁流量计和电动调节阀配对形成闭环回路。流量检测采用德国科隆公司的 IFM4080K/F 系列电磁流流量计。该产品具有以下特点:

(1) 传感器内无阻流及活动部件,不会造成额外的阻力降(ΔP),能达到节能效果,也特别适宜液固两相流,如矿浆等介质的计量。

(2) 接触被测介质的只有衬里和电极,只要合理选用衬里和电极材料,就可以达到良好的耐腐蚀性和耐磨性。

(3) 安装要求低:前置直管段只要 5D,后置直管段为 2D。

(4) 量程比大:能够非常好地、全面地追踪流量,能精确地测量小流量。

(5) 仪表采用低频矩形波励磁,不受工频及现场各种杂散电磁场干扰的影响,工作稳定可靠。

执行机构采用 ZDLS DN100 系列电动角式调节阀,电动调节阀是由电动执行机构和调节阀固定连在一起的成套执行器,它以控制系统的指令作为输入信号,通过执行机构的动作改变调节阀的开度,调节管道内的流体流量,达到自动控制的目的。依据选矿生产的工艺状况,水质比较混浊含有固体颗粒,选用电动角式调节阀,阀芯为单导向结构。由于流路简单、阻力小可以避免结焦、黏结、堵塞等,有一定的自净能力,也便于清洗,适用于高黏度、含有悬浮物和颗粒状矿浆流体调节。

励磁电流的控制采用励磁整流装置与电流互感器结合形成闭环回路实现。采用 SIEMENS 公司的 SIMOREG K 6RA24 系列励磁整流装置作为执行机构,该装置采用整体框架式结构,安装和维修十分方便,能有效抑制电网波动干扰等影响,提供稳定的直流电流。采用 BLZ-C 系列电流互感器作为电流检测装置,检测励磁电流大小与整流装置构成闭环。

采用 WR 系列热电阻监测强磁选机油箱温度,以防止油箱温度过高,造成生产事故。

4.3.2　系统软件平台

整个控制系统所使用的软件平台均为美国 Rockwell 公司的配套产品:RSLogix5000、RSLink、RSNetWorx、RSView32 等。监控计算机配有

RSLogix5000、RSLink、RSNetWorx、RSView32 应用软件，使用 Microsoft Windows2000 操作环境，监控软件由 RSLogix5000 和 RSView 两部分组成，其中 RSLogix5000 为 PLC 软件开发环境，RSView32 为监控画面及优化设定算法软件开发环境。RSView32 是基于 Windows 的软件程序，用于创建和运行数据采集、监视及控制的应用程序，RSView32 是为 Microsoft Windows 2000，Windows NT，及 Windows 9x，Windows XP 环境下使用而设计的。使用 RSView32 可以建立所有人机界面的外观，包括实时动画图形显示、趋势及报警汇总。RSView32 很容易与 Rockwell software、Microsoft 及其他第三者产品相结合，从而最大限度地发挥 ActiveX，VBA，OLE，ODBC，OPC，及 DDE 技术的功能。基于 RSView32 的 VBA 软件类似于 VB，可以编制复杂的计算处理程序。RSLink、RSNetWorx 为网络组态软件，其中 RSNetWorx 可对控制网（ControlNet）和设备网（DeviceNet）进行组态。

4.4　智能优化控制系统软件的开发

磁选过程智能优化控制系统软件的开发包括智能优化设定、过程监控软件和过程回路控制软件的设计和开发。

整个控制系统软件的结构如图 4-5 所示。控制网与设备网通过应用软件 RSLink 和 RSNetWorx 进行组态，在组态的过程中可以设定通讯节点，以便于网络资源分配，可以设定网络更新时间（NUT）等。在 RSLink 中组态 OPC 节点后，就可以使 PLC 和监控计算机以及优化计算机经过组态的 OPC 节点进行通讯联系，彼此交换数据与信息，监控计算机与优化计算机通过 EtherNet 网实现数据共享及信息交换。

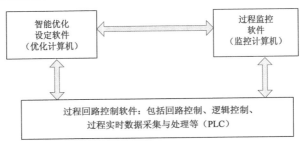

图 4-5　控制系统软件结构图

4.4.1　智能优化设定软件的开发

采用第三章描述的基于案例推理的回路预设定模型和基于规则推理的反馈补偿模型组成智能优化设定方法,设计强磁选过程优化设定软件。优化设定软件基于 RSView32 组态软件的 VBA 平台开发,RSView32 是一个功能强大的控制系统监控软件,自带 VBA 功能。基于 RSView32 的 VBA 软件类似于 VB,可以编制复杂的计算处理程序,便于实现较复杂的控制算法。系统软件结构功能如图 4-6 所示,主要由系统管理模块、实时数据采集模块、数据输入模块、操作范围调整模块、工况判断模块、案例推理模块、反馈补偿模块、案例库维护模块、数据下装模块组成、优化结果显示模块等。

图 4-6　强磁选过程优化设定软件结构图

系统管理:系统管理界面具有关键变量显示、操作平台与优化软件平台的切换和其他的系统管理功能,如:活动记录、报警记录、系统参数、用户管理、用户登录和退出等。具体内容如图 4-7 所示。关键变量显示功能能够显示控制变量、工艺参数的当前值,便于操作人员掌握控制系统当前的运行状态等。其他系统管理功能汇总了系统的活动记录、报警记录、系统的关键参数和用户管理,为系统的安全可靠运行提高保障。

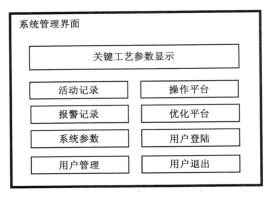

图 4-7　系统管理界面示意图

实时数据采集:从监控计算机采集实时数据,如漂洗水流量、励磁电流、给矿浓度等被控量,以及给矿量等边界条件,并对数据进行预处理为以后计算做准备。

数据录入:数据录入模块为用户提供数据输入接口,可以输入与生产过程相关的,但是不能由系统自动采集的数据,包括选择优化对象,给矿品位等边界条件,输入精矿品位、尾矿品位的目标值,精矿品位、尾矿品位的化验值和化验时间等信息。具体内容如图 4-8 所示。

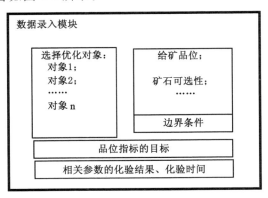

图 4-8　数据录入界面示意图

操作范围调整：由于现场条件随着时间推移有可能会发生变化，因而漂洗水流量、励磁电流、给矿浓度的调整范围也需要相应地进行调整，为了保证生产的安全运行，操作范围的调整必须由指定的工程师来完成，操作范围调整模块需要完成对调整权限的识别，以及修正后的调整范围的记录。

工况判断：工况判断模块判断现场工况是否变化，以决定转入案例推理模块还是反馈补偿模块。

案例推理：案例推理模块实现案例推理设定模型算法，其中包括案例检索、案例重用、案例修正、案例存贮 4 个子模块。

反馈补偿：反馈补偿模块实现反馈补偿器算法。在矿石可选性没有发生变化时给出漂洗水流量、励磁电流、给矿浓度设定值的补偿值。

案例库维护：案例库维护模块对案例库进行维护，可以浏览案例库中的现有案例，可以执行案例维护的操作包括对案例进行重新组织，删除冗余的案例，也可以手动添加新的案例，手动删除旧案例。

优化结果显示：优化结果显示界面可直观地显示根据数据录入输入的生产过程的当前条件，由智能优化模型计算得出的优化结果。主要显示关键工艺参数设定值的计算结果，以及当前工艺参数的检测值。由操作员判断优化计算结果是否合理，并将这些计算得出的数据下装到 PLC。优化结果显示界面内容如图 4-9 所示。

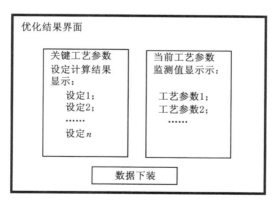

图 4-9　优化结果界面示意图

软件包运行流程图如图 4-10 所示，首先程序进行初始化之后，由操作员输入精矿品位、尾矿品位的化验值及期望值，以及当前工况的矿石可选性等边界条件，由监控计算机采集与输入数据对应的实时运行数据，主要为工艺参数的检测值以及给矿品位等边界条件的统计值。数据准备完成后进行工况判断，如果工况发生变化则调用案例推理设定模型子程序,计算漂洗水流量、励磁电流、给矿浓度的新设定值,如果工况没有发生变化则调用反馈补偿模型子程序,计算出漂洗水流量、励磁电流、给矿浓度的校正值,校正原设定值以得到新的设定值。对得到的新设定值进行校正,使设定值限定在操作范围内,也可以由操作员根据现场要求和经验对设定值进行修改。设定值修正后点击下装按钮将设定值下装到监控计算机,即完成一次设定值调整过程。

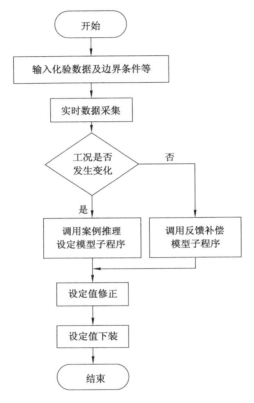

图 4-10   强磁选过程优化设定软件流程图

按照上述的软件结构和流程,开发了智能优化设定软件包:图 4-11 为优化软件包欢迎画面,点击"选矿"按钮即进行强磁选过程优化。图 4-12 为强磁机优化数据准备界面,由操作员录入相关的指标化验值及采样时间等信息。图 4-13 和图 4-14 分别为强磁粗选界面和强磁扫选优化界面,分别完成粗选 5 台强磁机的优化计算和扫选 5 台强磁机的优化计算,操作员可以根据实际情况对优化计算做出调整,然后将设定值输入到对话框中相应的位置,然后按"数据下装"按钮,将给定的设定值下装到回路控制系统(PLC),同时将相应数据存储到案例数据库,即完成一次优化设定操作。

图 4-11　优化设定软件包欢迎画面

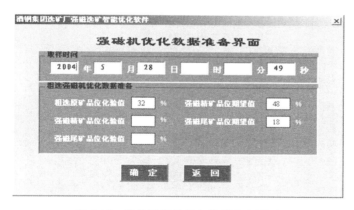

图 4-12　优化设定软件包数据准备画面

4.4.2　过程回路控制软件的开发

在生产实际中,生产状况多变,控制软件需要适应现场操作的要求,各控制站的控制软件的开发基于 RSLogix5000 软件,ControlLogix 系统的结构体系是一个先进的控制平台,它集成了多种控制功能:顺序控制,过程控制,运动控制等。ControlLogix 系统是模块化的,用户可以根据其具体应用来选择合适的内存量、控制器个数和网络类型。这种柔性结构允许用户在同一个机架内使用多个控制器、网络通讯及 I/O 模块。用户能在多个控制器之间分配资源和划分任

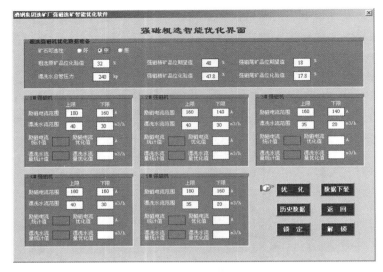

图 4-13　粗选过程优化界面

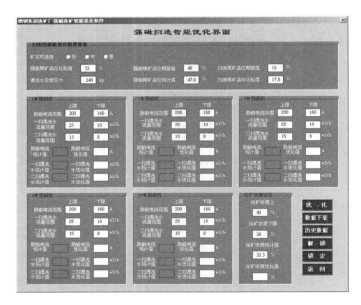

图 4-14　扫选过程优化界面

务。ControlLogix 数据传输总线利用 Producer/Consumer 技术为用户提供一种高性能的、具有确定性的分布式方案。通过通讯接口模块可以实现 Control-Logix 与计算机、分布式处理器和分布式 I/O 的互联。它们可以共享连接到通讯接口模块上的任何 EtherNet、ControlNet 或 DH＋链路。

过程回路控制软件存储在 PLC 本地控制站的 CPU 中，主要包括一个连续任务和一个周期性任务，其中连续任务下有一个主程序，主程序下有一个主例程，主例程实现各设备的启停控制、各底层回路控制，主例程有几个子例程，强磁机控制子例程、PFB（Profibus-DP 网络）故障处理子例程、MES 信号处理子例程、数据处理子例程、调节阀自动开关子例程等。各主要例程的功能说明如下：

1. 主例程

实现强磁选机及其他设备如中磁机、弱磁选机、中矿浓密机（大井）、浓密机底流泵、变频器的启停控制；实现浓密机大井底流泵变频器的控制；实现各设备之间逻辑联锁功能，并且实现手自动转换的无扰切换；累计强磁机系统的运行时间；以及一些模拟量的报警设置。实现中矿浓密机底流浓度即扫选给矿浓度的回路控制，实现强磁机的冲矿漂洗水流量的回路控制，实现强磁机励磁电流的回路控制。

2. 强磁机控制系统通讯子例程

实现与强磁机的自带的西门子 PLC 系统的通讯，这些通讯包括读取强磁机激磁电流、油泵的运行状态、转盘的运行状态、励磁运行状态和强磁机油箱的温度；传送控制命令，包括励磁电流的精调和粗调、油泵的启停、转盘的正反转启停、励磁合闸等操作。

3. PFB 故障处理子例程

实现 PFB（Profibus-DP 网络）网络系统的诊断、复位、报警和数据校验等功能。

4. MES 信号处理子例程

提供 MES 系统需要的各种信息，包括强磁选别漂洗水流量、励磁电流、给矿浓度等的检测值和给矿量、水量等的累计值；各设备的启停次数、运行时间；各设备故障报警、事故报警等。

5. 数据处理子例程

将各仪表信号转换成正常范围内的信号，用于显示和控制，对部分信号进行滤波处理。

6. 调节阀自动开关子例程

定期完成调节阀的自动快速开关控制，完成阀体结疤的清理，以保证调节阀正常工作。

以较简单的强磁机精矿泵启停控制为例，介绍设备启停控制程序，其启停控制程序流程如图 4-15 所示，图 4-16 为强泵启停控制 PLC 程序。

浓密机有 2 台底流泵互为备用，采用 1 台变频器实现对 2 台泵的控制，因而要求这2台泵之间实现互锁,相应的底流泵互锁程序流程图如图 4-17 所示。

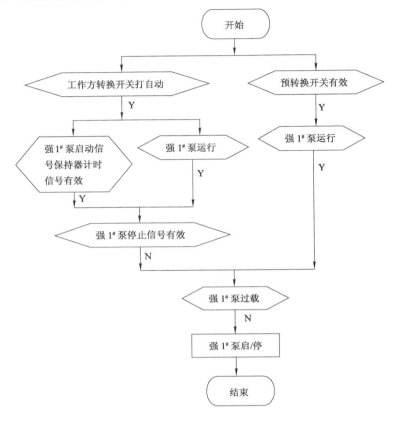

图 4-15　强 1# 泵启停控制程序流程图

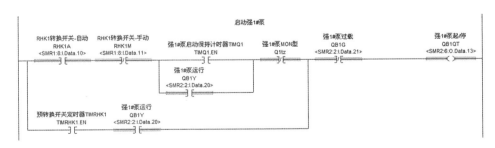

图 4-16　强泵启停控制 PLC 程序

漂洗水流量回路控制程序流程如图 4-18 所示,漂洗水流量回路控制有自动、软手动、手动三种控制方式。图 4-19 为漂洗水流量 PI 控制模块,Control-

图 4-17　浓密机底流泵互锁程序流程图

Logix 系统自带 PID 控制模块,因而只需对其 PI 参数等进行简单的设置即可实现回路的 PI 控制。图 4-20 为漂洗水流量控制结构图,当切换到自动控制方式时,由 PI 控制器根据漂洗水流量的检测值与设定值的误差给出漂洗水流量调节阀阀位,使检测值跟踪设定值,实现漂洗水流量的自动控制。而切换到软手动和手动控制方式时,由操作员手动设定调节阀阀位来控制漂洗水流量。自动、软手动、手动这三种控制方式将在下一节具体介绍。

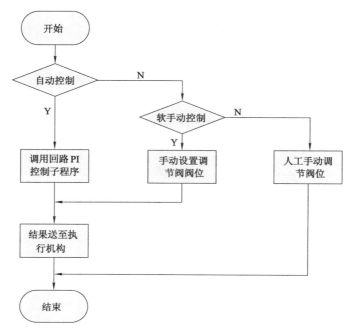

图 4-18 漂洗水流量回路控制流程图

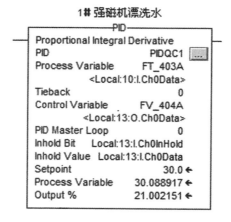

图 4-19 漂洗水流量 PID 控制模块

4.4.3 过程监控软件的开发

本系统设计开发的操作指导监控画面主要有两方面的主要功能:一是监视

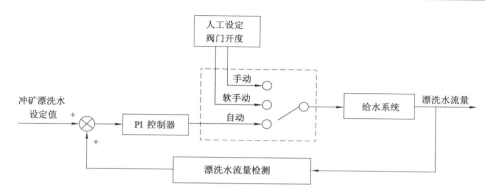

图 4-20　漂洗水流量回路控制结构图

设备的状态。包括设备的运行、停止、故障、参数显示等；二是控制设备的状态。包括设备的启停、参数的设定等。通过对上述各操作界面的操作，可监视温度、流量、浓度等变量的变化趋势，对故障报警进行显示，对生产状况分析，可以使操作员随时对现场进行生产过程的操作指导及控制。操作指导画面的主要组成介绍如下：

图 4-21 是系统管理画面，在此画面中，可进行用户管理，退出系统，打开命令框等操作，这三种操作需要具有系统管理员的操作权限。缺省登录用户为 DEFAULT，为最低权限，只能启动活动记录、显示活动条、报警记录、系统监控等按钮。除了具有最低权限的缺省用户，系统设定了三个级别的用户权限，分别为管理员权限、工程师权限和操作员权限，用户权限设定界面如图 4-22 所示。系统对不同用户赋予的相应的权限如图 4-23 所示。操作员拥有工艺流程画面显示、实时数据趋势显示、设备启停、控制方式切换、过程参数的控制量调整、确认报警等权限，工程师除拥有操作员权限以外，还可以进行回路控制 PI 参数调整、过程参数设定值调整，参数历史数据显示等操作。管理员拥有最高权限，除了工程师拥有的权限以外，还可以进行数据库维护、系统维护、退出系统、用户管理、打开命令框等操作。

图 4-24 是强磁选工序监视画面，可以直观地显示强磁选工序的设备运行状态，包括 10 台强磁选机及其相应的中磁机、强磁细筛的运行状态，以及漂洗水流量、励磁电流的实时数据等，通过该画面还可以进入相应设备的控制画面。

图 4-25 为强磁机的控制画面，可以监视强磁机的电气设备的状态、参数及其当前的控制方式等内容，可以切换强磁机工艺参数的控制方式，修改工艺参数的设定值等，可以监视重要参数的历史趋势以及当前的实时数据曲线，作为操作员查询、记录参数值的依据。

图 4-21　系统管理操作画面

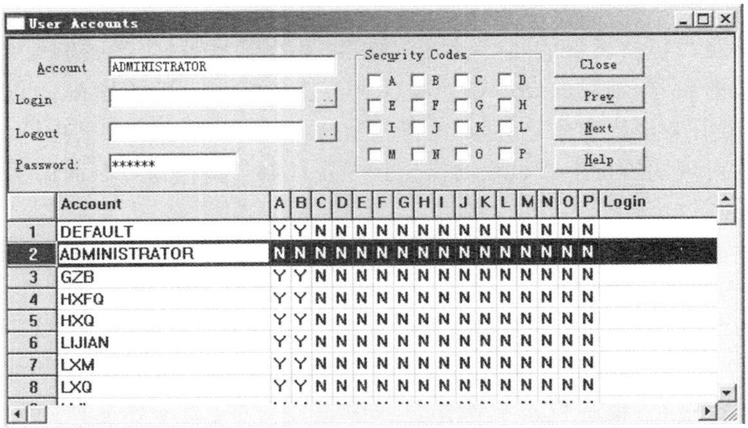

图 4-22　用户权限设定画面

　　图 4-26 为扫选给矿浓度控制画面,可以实现浓密机底流泵及变频器的启停控制,2 个底流泵的切换控制,浓密机底流浓度的回路控制,可以监视浓密机底流浓度,即扫选给矿浓度、变频器频率、底流泵电流等参数的实时数据曲线等。

　　现场设备有三种操作方式:一是手动控制方式,在设备调试、设备检修及计算机控制系统调试或维护的情况下,该控制方式确保满足现场的实际需要,以维持基本生产的要求。操作员可以在低压配电柜或现场操作箱上对现场设备进行硬手动操作,和通过手操器对现场漂洗水调节阀等执行机构进行设定。二是自动,由程序根据智能优化设定值来计算阀门的开度和变频器的频率大小;三是软手动,可在控制面板上直接调整漂洗水阀开度和变频器的频率设定等。生产流程内的设备启、停均可在现场控制箱上、电气柜上和监控计算机上进行操纵。在控制柜或电气柜上设有手动控制/计算机控制转换开关。当手动控制/计算机控

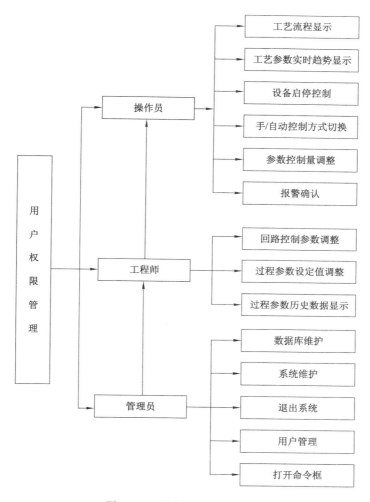

图 4-23　不同用户的权限管理

制转换开关在手动控制位置时,在监控计算机上的控制操作无效,在现场操作箱上或电气柜上的控制操作有效。当手动控制/计算机控制转换开关在计算机控制位置时,在计算机操作终端上的控制操作有效,在电气柜上或现场操作箱上对电气设备进行启动的命令操作无效,但停机操作有效。无论控制方式转换开关在何位置时,计算机对现场设备的运行状态都可进行监视。图 4-27 为 PID 控制面板,在控制面板上可以进行自动/软手动的切换,以及自动状态下被控变量的设定和软手动状态下控制量的设定。

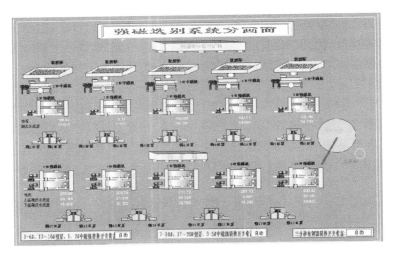

图 4-24　强磁选别系统总貌监视画面

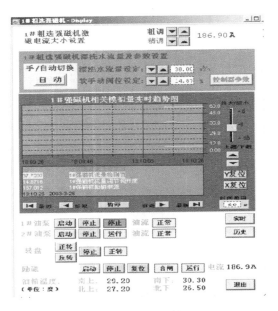

图 4-25　强磁机控制画面

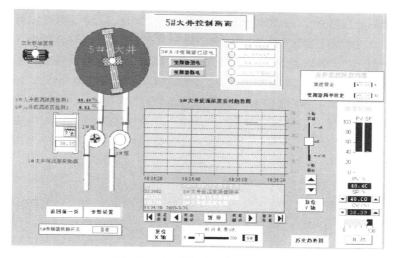

图 4-26　扫选给矿浓度控制画面

图 4-27　PID 控制面板

4.5　本章小结

本章提出了由过程监控层和过程控制层（优化设定，过程回路控制）两层结构组成的磁选生产过程智能优化控制系统，分析了系统功能，搭建了硬件与软件平台，开发了智能优化控制软件，通过优化设定软件产生关键工艺参数的设定值，过程回路控制软件保证这些设定值的稳定跟踪控制，过程监控软件对生产和系统的运行进行管理和监控。监控画面界面友好,操作简单、方便,操作员可依赖这些直观的画面对设备状态及参数进行监视,可对各种电气设备或仪表设备进行有选择性地操作,以实现人机优势互补的目的。

第 5 章　智能优化控制系统的工程应用

5.1　应　用　背　景

　　近年来,我国的钢铁行业取得了快速发展,钢产量已经连续九年居世界首位。选矿工业作为钢铁行业的主要支撑条件之一是尤为重要的,我国的铁矿资源贮藏量巨大,铁矿石产量占钢铁行业总用量的 50% 左右,但矿石品位普遍偏低,脉石成分复杂,连生紧密,选矿难度较大。国内的选矿厂采用磁选工艺的占有很大比重,而现有的磁选过程自动化程度很低,生产管理方式落后,生产成本高,资源消耗大,导致选矿生产的两个关键生产指标——铁精矿品位和金属回收率偏低。因此为达到生产目标,实现磁选过程精矿品位、尾矿品位的优化控制对于提高精矿品位和金属回收率具有非常重要的意义。

　　由于磁选过程自动化程度很低,生产管理方式落后等原因,使得精矿品位、尾矿品位处于不可控的状态,同时由于过程的机理复杂,关键变量如漂洗水流量、励磁电流、给矿浓度的设定模型难以建立,以前的操作方式大多限于手动经验操作,精矿产品质量得不到有效的保障且金属回收率偏低。采用计算机控制系统、合适的控制结构和控制方法是解决上述问题的关键。本文以国内最大的赤铁矿选矿厂的磁选过程为对象,进行了智能优化控制系统的安装、调试、工业实验,并将该系统投入运行。

5.1.1　酒钢选矿厂概况

　　酒钢选矿厂始建于 1958 年,1972 年 7 月正式投产,是酒泉钢铁(集团)公司的原料准备分厂之一,位于嘉峪关市酒钢(集团)公司厂区内。酒钢选矿厂设计规模为 500 万吨,主要处理镜铁山桦树沟矿区矿石,矿石中主要铁矿石为赤铁矿、褐铁矿,脉石以重晶石、石英、碧玉及铁白云石为主。全区矿石平均品位 38%,在开采时要混入 20% 左右的围岩,因此矿石实际输出的含铁品位为 33%,且随着逐年开采,该品位呈下降趋势。经过 30 年的不断创新和科技攻关改造,酒钢选矿厂拥有 100 立方米单、双层燃烧室竖炉 22 座,8 个磨矿系列,shp-3200

型湿式强磁选机 10 台及配套的筛分、选别、浓缩、过滤等系统,形成了块矿(100~15 mm)还原焙烧磁选和粉矿(15~0 mm)强磁选一次粗选、二次扫选两大工艺系统,包括原矿筛分与输送,竖炉焙烧、两段磨矿、磁选(强磁选、弱磁选)、浓缩脱水等工序,年处理铁矿石近 500 万吨,其中约 240 吨粉矿采用强磁选过程进行选别。

5.1.2 酒钢选矿厂磁选工艺流程简介

酒钢选矿厂磁选工艺流程分为弱磁选过程和强磁选过程两部分。

图 5-1 为酒钢选矿厂焙烧矿磁选工艺流程,焙烧矿磁选简称弱磁选。弱磁选与弱磁磨矿配合,采用阶段磨矿、阶段选别流程。弱磁选系统共有 4 个系列。每个系列的圆筒矿仓、磨机一一对应。弱磁选圆筒矿仓内的焙烧矿由电振给矿机排料,再由给矿胶带机送入球磨机内。一段磨矿采用格子型球磨机,分级机返砂送入一次球磨,与一次球磨形成闭路。分级机溢流进入泵池,用胶泵打入分矿箱,自流至一次脱水槽,其溢流为尾矿,沉砂给入一次中磁机选别,选别的溢流为尾矿。一磁精进入细筛分离。筛上部分矿浆进入泵池,经胶泵打入旋流器进行分级。旋流器沉砂排入二次球磨机内,与其形成闭路。旋流器溢流用胶泵打入分矿器后分配给二次永磁脱水槽,脱水槽的溢流为尾矿,沉砂给二次磁选机,选出精矿和尾矿。细筛筛下部分矿浆不用二次球磨,直接进入二次脱水槽、二次磁选机,亦选出精矿和尾矿。三个弱磁选系列的弱磁选精矿进入泵池,由胶泵打入三次磁选机进行五段选别,溢流为尾矿,精矿即为弱磁选的最终精矿。最终精矿由胶泵打入精矿溜槽,通过溜槽进入精矿浓密机。尾矿通过尾矿溜槽入尾矿浓密机。

弱磁选过程的选别设备为 39 台半逆流式永磁筒式磁选机和 31 台永磁磁力脱水槽,控制要求比较简单,主要是磁选设备、细筛、矿浆泵等电气设备的启停逻辑控制和保护。

图 5-2 为现场强磁选过程照片,其工艺流程如图 5-3 所示,为一粗两扫流程,强磁选系统选别 0~15 mm 以下的粉矿,经过强磁磨矿工序的粒度合格的矿浆首先经自流给入中磁机选别,精矿进入泵池,由泵打入精矿浓密机,尾矿经集矿箱进入粗选强磁机选别,粗选出的尾矿进入浓密机(中矿大井)浓缩,由浓密机底流泵打入扫选强磁机进行一次扫选和二次扫选,粗选精矿和扫选精矿都是强磁选精矿,该精矿进入泵池,再由胶泵打入精矿溜槽,通过溜槽进入精矿浓密机。扫选尾矿为强磁选尾矿,通过溜槽入尾矿浓密机。

强磁选工序共 10 台 shp-3200 型湿式强磁选机。其中 5 台粗选强磁机,5 台扫选强磁机。强磁选过程的关键变量包括冲矿漂洗水流量、励磁电流、给矿浓度

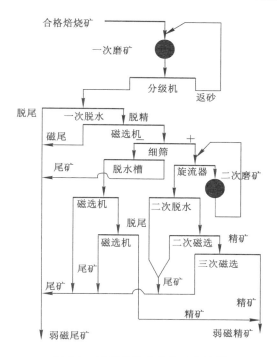

图 5-1　焙烧矿磨矿磁选工艺流程

图 5-2　现场强磁选机照片

等。精矿品位、尾矿品位与漂洗水流量、励磁电流、给矿浓度之间具有强耦合、强非线性,过程机理复杂,而且工况变化繁复,如矿石的可选性、粒度、品位等的波动,而且精矿品位、尾矿品位难以在线连续测量,这些因素的存在使得强磁选控制任务非常复杂。强磁选生产过程基本由人工根据经验进行操作,用眼睛观察

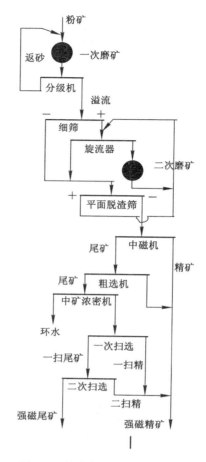

图 5-3　强磁磨矿磁选工艺流程

水流大小来估计漂洗水流量,然后手动调整手阀开度来调节流量,调节精度无法保证,且对于不同操作员,控制效果差别很大。依靠人工化验数据调整给矿浓度,调整周期很长,不能及时准确改变给矿浓度以适应生产需要。有关的电机设备都是在现场操作箱进行启停控制,造成生产人员多、效率低、成本高、资源消耗大,同时使得工人的工作环境差,劳动强度大。

　　从前述得到的结论是:要实现精矿品位和尾矿品位的优化控制,在进行自动化技术的改造过程中,首先需要分析对象的特点和控制任务,在此基础之上寻求合适的控制方案、设计并开发出相应的计算机控制系统,这也是应用于工业生产过程的前提。国内外冶金行业现已经大量使用计算机控制系统进行技术改造[142,143],并将人工智能技术应用于工业过程[144],以解决企业落后的自动化水平所带来的种种弊端。依托国家 863 高技术计划项目"选矿工业过程综合自动化系统研究与开发",考虑到该选矿厂磁选生产过程的实际,采用本文提出的智能优化方法及研制的磁选过程智能优化控制系统,在酒钢选矿厂包括弱磁选过程和强磁选过程的磁选工序进行了工业应用。

5.2　控制系统的安装与调试

磁选过程智能控制系统的现场安装主要包括软件与硬件的安装,软件安装包括操作系统、美国 Rockwell 公司 ControlLogix 系统软件平台以及自主开发的一整套控制软件、优化设定软件和监控指导画面。硬件安装主要包括执行机构(如变频器、电动调节阀)、各种仪表检测设备(如浓度计、电磁流量计等)以及计算机设备的安装。

控制系统硬件安装结构如图 5-4 所示。以系统网络为主线,将其结构描述如下:

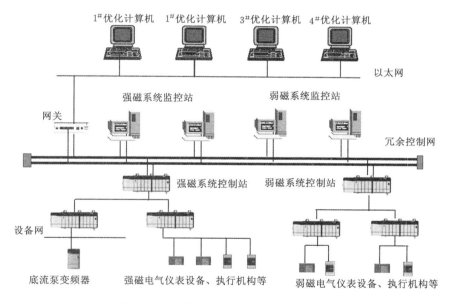

图 5-4　磁选智能控制系统的硬件结构图

以太网:4 台优化计算机通过以太网、网关与冗余控制网相连,模型机为 DELL 公司 PC 机,操作系统为 Windows2000,主要应用软件安装了 Rockwell 公司的 RSView32 监控软件,利用其自带的 VBA 开发平台,编制了优化设定软

件包。优化计算机和 PLC 控制站的通讯通过以太网实现,优化软件的计算结果通过以太网传至各控制站;

冗余控制网:安装了 4 台监控计算机,强磁、弱磁各 2 台,每 2 台计算机的级别、权限相同,可以对整个磁选工序进行监控,互为备用。包括强磁本地控制站、弱磁本地控制站和强磁远程控制站、弱磁远程控制站在内的所有控制站以 Producer/Consumer 的通信模式实现数据开放。强磁本地控制站和弱磁本地控制站分别对应 1 台控制柜,包括 CPU 模块,电源模块,数字量输入输出模块,模拟量输入输出模块,控制网(ControlNet)通讯模块,设备网(DeviceNet)通讯模块等,安放在中央控制室;

设备网:设备网对中矿大井底流变频器进行监控和状态监测,通过控制站与相应的变频器进行通讯。

强磁本地控制站主要监控任务是:

(1) 完成 10 台强磁机、中磁机的运行、故障监视及启停控制功能,并实现手、自动转换的无扰切换;

(2) 完成 10 台强磁机的励磁电流的监视、控制功能;

(3) 完成 10 台强磁机的漂洗水流量调节功能;

(4) 完成中矿大井底流浓度调节功能;

(5) 完成强磁选工序其他信号如给水压力,油箱温度等的检测采集功能。

弱磁本地控制站主要监控任务是:

对磁选设备、细筛、给矿胶带及矿浆泵等电气设备进行逻辑控制和保护,其中包括对各设备电机的状态进行检测。

检测仪表包括电磁流量计、核子浓度计、电流互感器、测温热电阻、压力变送器等,执行机构包括中矿大井底流泵变频器、漂洗水流量电动调节阀、励磁电流整流装置等。

系统安装完毕后首先进行离线调试,打通网络,保证数据能够在网络中传输,实现信息共享,然后针对开发出的控制软件、优化设定软件程序以及监控画面进行在线调试,选取适当的控制参数并进行设置,以达到开发出的智能优化控制系统能够在线稳定运行的目的。

5.3 工业实验

为了实现磁选过程的智能优化控制,采用第三章提出的方法,在酒钢选矿厂强磁选工序进行了工业实验。实验目的为验证该方法在矿石可选性、给矿品位、给矿粒度、给矿量等边界条件波动情况下,通过调整漂洗水流量、励磁电流、给矿浓度的设定值,能否将精矿品位、尾矿品位控制在目标值范围内。

强磁选工序智能优化控制的控制目标是将精矿品位 G_1、尾矿品位 G_2 控制在如下目标值范围内:

$$G_{1\min}^* \leqslant G_1(t) \leqslant G_{1\max}^*$$
$$G_2(t) \leqslant G_{2\max}^* \tag{5-1}$$

其中,$G_{1\max}^*=48.9$,$G_{1\min}^*=47.1$,$G_{2\max}^*=18.8$,目标值 $G^*=[47.4,18.5]$。建立控制回路设定模型,$B_4=1,2,3$ 时案例特征权值 ω 分别取为 $\{0.15,0.15,0.2,0.2,0.1,0.1,0.1,0.1,0.05,0.1,0.05\}$,$\{0.1,0.2,0.15,0.25,0.1,0.1,0.1,0.1,0.05,0.1,0.05\}$,$\{0.2,0.1,0.25,0.15,0.1,0.1,0.1,0.1,0.05,0.1,\}\}$。反馈补偿器的规则前提中的限定值确定为 $[T1,T2,T3]=[0.3,0.7,1.5]$。矿石可选性为“中”,即 $B_4=1$ 时的反馈补偿器校正值的选取见表 5-1～表 5-3。

表 5-1　强磁选机漂洗水流量补偿值($\Delta \bar{y}_1(t)$)选取(m^3/h)

$\Delta G_2(t)$ ＼ $\Delta G_1(t)$	<-1.5	$[-1.5,-0.7)$	$[-0.7,-0.3)$	$[-0.3,0.3]$	$(0.3,0.7]$	$(0.7,1.5]$	>1.5
<-1.5	4	3.5	2.5	0	0	0	-1
$[-1.5,-0.7)$	3	3	2	0	0	-0.5	-1
$[-0.7,-0.3)$	2.5	2.5	2	0	0	-0.5	-1
$[-0.3,0.3]$	1.5	1	1	0	0	-1	-1.5
$(0.3,0.7]$	1	1	0.5	0	-1	-1.5	-2
$(0.7,1.5]$	1	0.5	0.5	-0.5	-1	-1.5	-2
>1.5	1	0.5	-0.5	-1	-1	-1.5	-2

表 5-2　强磁选机励磁电流补偿值($\Delta \bar{y}_2(t)$)选取(A)

$\Delta G_2(t)$ ＼ $\Delta G_1(t)$	<-1.5	$[-1.5,-0.7)$	$[-0.7,-0.3)$	$[-0.3,0.3]$	$(0.3,0.7]$	$(0.7,1.5]$	>1.5
<-1.5	-10	-7.5	-6	0	0	0	4
$[-1.5,-0.7)$	-7.5	-6	-4	0	0	3.5	4
$[-0.7,-0.3)$	-6	-5	-2	0	0	3.5	4
$[-0.3,0.3]$	-5	-4	-2	0	0	4	5
$(0.3,0.7]$	-4	-4	0	0	3.5	4	6
$(0.7,1.5]$	-4	-2	2	2	3.5	5	7.5
>1.5	-3	-2	2	2.5	4	5	7.5

表 5-3 强磁选机给矿浓度补偿值($\Delta \bar{y}_3(t)$)选取(%)

$\Delta G_2(t)$ \ $\Delta G_1(t)$	<-1.5	$[-1.5,-0.7)$	$[-0.7,-0.3)$	$[-0.3,0.3]$	$(0.3,0.7]$	$(0.7,1.5]$	>1.5
<-1.5	-2	-1.5	-1	0	0	0	0
$[-1.5,-0.7)$	-1.5	-1	0	0	0	0	0
$[-0.7,-0.3)$	-1	0	0	0	0	0	0
$[-0.3,0.3]$	0	0	0	0	0	0	0
$(0.3,0.7]$	0	0	0	0	0	0	1
$(0.7,1.5]$	0	0	0	0	0	1	1.5
>1.5	0	0	0	0	1	1.5	2

从下午 17:20 至早 1:20,8 小时中强磁机的励磁电流、漂洗水流量、给矿浓度的设定值和检测值变化趋势如图 5-5、图 5-6、图 5-7 所示,相应的精矿品位、尾矿品位的变化趋势如图 5-8 所示。

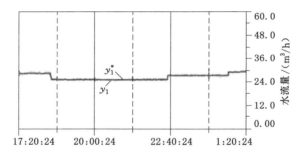

图 5-5 漂洗水流量控制曲线

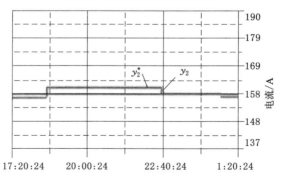

图 5-6 励磁电流控制曲线

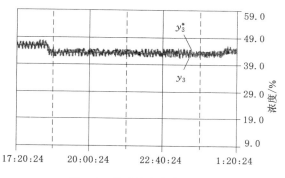

图 5-7　给矿浓度控制曲线

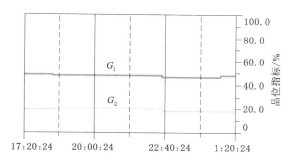

图 5-8　强磁机品位指标变化趋势图

强磁选机在 17:20 时运行工况如表 5-4 所示：

表 5-4　强磁机在 17:20 的运行工况

G^*		$y(t)$			$y^*(t-1)$		
G_1^*	G_2^*	$y_1(t)$	$y_2(t)$	$y_3(t)$	$y_1^*(t-1)$	$y_2^*(t-1)$	$y_3^*(t-1)$
47.4	18.5	28.5	156.3	45.2	28.4	156.4	45.5
Ω				$G(t)$			
B_1	B_2	B_3	B_4	$G_1(t)$		$G_2(t)$	
32.5	81	41.3	2	47.7		18.7	

从表 5-4 可以看出精矿品位 $G_1(t)=47.7>47.1$，尾矿品位 $G_2(t)=18.7$ <18.8，$G(t)$ 在目标值范围内。

强磁选机在 18:20 时的运行工况如表 5-5 所示：

表 5-5　强磁机在 18:20 的运行工况

G^*		$y(t)$			$y^*(t-1)$		
rG_1^*	G_2^*	$y_1(t)$	$y_2(t)$	$y_3(t)$	$y_1^*(t-1)$	$y_2^*(t-1)$	$y_3^*(t-1)$
47.4	18.5	28.4	156.2	45.3	28.4	156.4	45.5
Ω				$G(t)$			
B_1	B_2	B_3	B_4	$G_1(t)$		$G_2(t)$	
32.3	80	42.5	1	47.6		19.5	

从表 5-5 可以看到，矿石可选性 B_4 由 2 变为 1，即由好变为中，尾矿品位 $G_2(t)=19.5>18.8$，在目标值范围外，智能优化设定软件由以上运行工况形成案例描述，如表 5-6 所示。权值 ω 取为 $\omega=\{\omega_1,\cdots,\omega_i,\cdots,\omega_{12}\}=\{0.15,0.15,0.2,0.2,0.1,0.1,0.1,0.1,0.05,0.1,0.05\}$，通过检索、重用产生预设定值 $\bar{y}(18{:}20)=[25.2\ \mathrm{m^3/h},160\ \mathrm{A},43.5\%]$。

表 5-6　当前工况 M 的案例描述

G^*		$y(t)$			$y^*(t-1)$			Ω			
c_1	c_2	c_3	c_4	c_5	c_6	c_7	c_8	c_9	c_{10}	c_{11}	c_{12}
47.4	18.5	28.4	156.2	45.3	28.4	156.4	45.5	32.3	80	42.5	1

运行到 22:30 得到新的指标化验值 $G(t)$，此时的工况如表 5-7 所示：

表 5-7　强磁机在 22:30 的运行工况

G^*		$y(t)$			$y^*(t-1)$		
$G_1^*(t)$	$G_2^*(t)$	$y_1(t)$	$y_2(t)$	$y_3(t)$	$y_1^*(t-1)$	$y_2^*(t-1)$	$y_2^*(t-1)$
47.4	18.5	25	159.3	43.4	25.2	160	43.5
Ω				$G(t)$			
B_1	B_2	B_3	B_4	$G_1(t)$		$G_2(t)$	
32.2	80	40.5	1	46.9		18.2	

此时 $G_1(t)=46.9<47.1$，精矿品位偏低，由反馈补偿模型计算补偿值 $\Delta\bar{y}(t)$。适用规则如下：

　　　IF $B_4=1$ AND $-T1>\Delta G_1(t)\geqslant-T2$ AND $T1\geqslant\Delta G_2(t)\geqslant T2$

　　　　　THEN $\Delta\bar{y}(t)=[1\ \mathrm{m^3/h},\ -2\ \mathrm{A},\ 0]$

规则结论为 $\Delta\bar{y}(t)=\Delta\bar{y}(t)=[1\ \mathrm{m^3/h},\ -2\ \mathrm{A},\ 0]$，因此漂洗水流量、励磁

电流和给矿浓度的新的设定值为：

$$y_1^*(22:30)=\bar{y}_1(22:30)+\Delta\bar{y}_1(22:30)=25.2+1=26.2\ (\mathrm{m^3/h})$$

$$y_2^*(22:30)=\bar{y}_2(22:30)+\Delta\bar{y}_2(22:30)=160-2=158\ (\mathrm{A})$$

$$y_3^*(22:30)=\bar{y}_3(22:30)+\Delta\bar{y}_3(22:30)=43.5+0=43.5\%$$

控制回路输出跟踪上述设定值，运行到 0:50 的工况如表 5-8 所示：

表 5-8　强磁机在 0:50 的运行工况

G^*		$y(t)$			$y^*(t-1)$		
G_1^*	G_2^*	$y_1(t)$	$y_2(t)$	$y_3(t)$	$y_1^*(t-1)$	$y_2^*(t-1)$	$y_3^*(t-1)$
47.4	18.5	26.2	157.2	43.5	26	158	43.5
Ω				$G(t)$			
B_1	B_2	B_3	B_4	$G_1(t)$		$G_2(t)$	
32.3	81	42.5	1	47.5		18.2	

此时精矿品位 $G_1(t)=47.5>47.1$，尾矿品位 $G_2(t)=18.2\leqslant18.8$ 表明 $G(t)$ 进入目标值范围内，此时的 $y^*(t)$ 作为案例解和案例描述 M 作为新的案例存入强磁机回路预设定模型案例库。

　　工业实验的结果表明，智能优化控制软件在矿石可选性、给矿品位、给矿粒度、给矿量等工况条件波动的情况下均能把精矿品位、尾矿品位的实际值控制到目标值范围内，所提出的智能优化控制方法可以应用于生产实际。

5.4　工业应用效果

　　由图 5-3 强磁选工序工艺流程介绍可知，酒钢选矿厂强磁选工序采用粗选、扫选流程，虽然选别设备都是相同的 shp-3200 型湿式强磁选机，但由于工艺要求不同，相应的参数设定略有不同。对于粗选强磁机，由于强磁粗选过程的精矿产量较扫选过程高，因此粗选过程对强磁精矿品位的影响比较大，而扫选过程的尾矿是强磁选过程的最终尾矿，因此扫选过程对强磁尾矿品位的影响比较大。在确定漂洗水流量、励磁电流、给矿浓度的设定值时考虑了上述因素，主要体现在反馈补偿器的补偿规则中，粗选强磁机的反馈补偿器相对注重补偿精矿品位的偏差，而扫选强磁机相对注重补偿尾矿品位的偏差，这样粗选过程和扫选过程相互配合，使两个品位指标－精矿品位、尾矿品位都控制在目标值范围内。

　　图 5-9 和图 5-10 分别为智能优化控制系统投用前和投用后的一周内 49 组精矿品位和尾矿品位的分布曲线，其中图 5-9(a) 和图 5-10(a) 为采用优化控制方

法的品位分布曲线,而图 5-9(b)和图 5-10(b)为未采用优化控制方法的品位分布曲线,相应的品位指标数据见表 5-9～表 5-12。

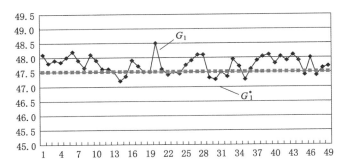

图 5-9(a)　优化设定时精矿品位变化曲线

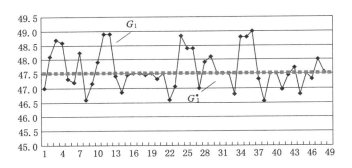

图 5-9(b)　人工设定时精矿品位变化曲线

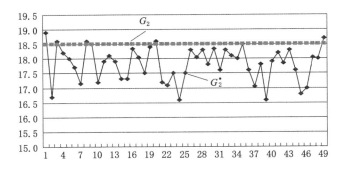

图 5-10(a)　优化设定时尾矿品位变化曲线

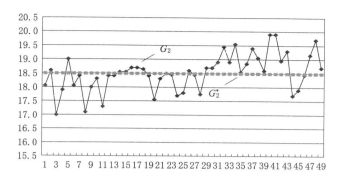

图 5-10（b） 人工设定时尾矿品位变化曲线

表 5-9 人工设定时精矿品位指标数据（％）

序号	时 间	化验值	期望值	偏差	序号	时 间	化验值	期望值	偏差
1	2003-6-8 14：36	47	47.5	-0.5	26	2003-6-10 14：12	48.4	47.5	0.9
2	2003-6-8 16：35	48.1	47.5	0.6	27	2003-6-10 16：39	47	47.5	-0.5
3	2003-6-8 18：25	48.7	47.5	1.2	28	2003-6-10 18：35	47.9	47.5	0.4
4	2003-6-8 20：35	48.6	47.5	1.1	29	2003-6-10 20：25	48.1	47.5	0.6
5	2003-6-8 22：25	47.3	47.5	-0.2	30	2003-6-10 22：25	47.5	47.5	0
6	2003-6-9 00：27	47.2	47.5	-0.3	31	2003-6-11 00：39	47.5	47.5	0
7	2003-6-9 02：34	48.35	47.5	0.85	32	2003-6-11 02：24	47.5	47.5	0
8	2003-6-9 04：42	46.6	47.5	-0.9	33	2003-6-11 04：39	46.8	47.5	-0.7
9	2003-6-9 06：25	47.2	47.5	-0.3	34	2003-6-11 06：38	48.7	47.5	1.2
10	2003-6-9 08：53	47.9	47.5	0.4	35	2003-6-11 08：58	48.7	47.5	1.2
11	2003-6-9 10：33	48.9	47.5	1.4	36	2003-6-11 10：42	49	47.5	1.5
12	2003-6-9 12：26	48.9	47.5	1.4	37	2003-6-11 12：18	47.3	47.5	-0.2
13	2003-6-9 14：31	47.4	47.5	-0.1	38	2003-6-11 14：10	46.55	47.5	-0.95
14	2003-6-9 16：36	46.9	47.5	-0.6	39	2003-6-11 16：18	47.5	47.5	0
15	2003-6-9 18：52	47.45	47.5	-0.05	40	2003-6-11 18：31	47.5	47.5	0
16	2003-6-9 20：58	47.5	47.5	0	41	2003-6-11 20：28	46.95	47.5	-0.55
17	2003-6-9 22：17	47.5	47.5	0	42	2003-6-11 22：28	47.45	47.5	-0.05
18	2003-6-10 00：25	47.45	47.5	-0.05	43	2003-6-12 00：51	47.7	47.5	0.2
19	2003-6-10 02：38	47.5	47.5	0	44	2003-6-12 02：38	46.8	47.5	-0.7
20	2003-6-10 04：11	47.3	47.5	-0.2	45	2003-6-12 04：26	47.5	47.5	0
21	2003-6-10 06：54	47.5	47.5	0	46	2003-6-12 06：51	47.3	47.5	-0.2

表 5-9（续）

序号	时间	化验值	期望值	偏差	序号	时间	化验值	期望值	偏差
22	2003-6-10 08：22	46.6	47.5	-0.9	47	2003-6-12 08：55	48	47.5	0.5
23	2003-6-10 10：52	47.05	47.5	-0.45	48	2003-6-12 10：31	47.55	47.5	0.05
24	2003-6-10 12：11	48.8	47.5	1.3	49	2003-6-12 12：33	47.5	47.5	0
25	2003-6-10 12：37	48.4	47.5	0.9					

表 5-10　人工设定时尾矿品位指标数据（％）

序号	时间	化验值	期望值	偏差	序号	时间	期望值	化验值	偏差
1	2003-6-8 14：36	18.05	18.5	-0.45	26	2003-6-10 14：12	18.6	18.5	0.1
2	2003-6-8 16：35	18.6	18.5	0.1	27	2003-6-10 16：39	18.45	18.5	-0.05
3	2003-6-8 18：25	17	18.5	-1.5	28	2003-6-10 18：35	17.75	18.5	-0.75
4	2003-6-8 20：35	17.9	18.5	-0.6	29	2003-6-10 20：25	18.7	18.5	0.2
5	2003-6-8 22：25	19	18.5	0.5	30	2003-6-10 22：25	18.7	18.5	0.2
6	2003-6-9 00：27	18.05	18.5	-0.45	31	2003-6-11 00：39	18.9	18.5	0.4
7	2003-6-9 02：34	18.4	18.5	-0.1	32	2003-6-11 02：24	19.45	18.5	0.95
8	2003-6-9 04：42	17.1	18.5	-1.4	33	2003-6-11 04：39	18.9	18.5	0.4
9	2003-6-9 06：25	18	18.5	-0.5	34	2003-6-11 06：38	19.55	18.5	1.05
10	2003-6-9 08：53	18.3	18.5	-0.2	35	2003-6-11 08：58	18.55	18.5	0.05
11	2003-6-9 10：33	17.3	18.5	-1.2	36	2003-6-11 10：42	18.85	18.5	0.35
12	2003-6-9 12：26	18.4	18.5	-0.1	37	2003-6-11 12：18	19.4	18.5	0.9
13	2003-6-9 14：31	18.4	18.5	-0.1	38	2003-6-11 14：10	19.05	18.5	0.55
14	2003-6-9 16：36	18.55	18.5	0.05	39	2003-6-11 16：18	18.6	18.5	0.1
15	2003-6-9 18：52	18.55	18.5	0.05	40	2003-6-11 18：31	19.9	18.5	1.4
16	2003-6-9 20：58	18.7	18.5	0.2	41	2003-6-11 20：28	19.9	18.5	1.4
17	2003-6-9 22：17	18.7	18.5	0.2	42	2003-6-11 22：28	18.95	18.5	0.45
18	2003-6-10 00：25	18.65	18.5	0.15	43	2003-6-12 00：51	19.3	18.5	0.8
19	2003-6-10 02：38	18.4	18.5	-0.1	44	2003-6-12 02：38	17.7	18.5	-0.8
20	2003-6-10 04：11	17.55	18.5	-0.95	45	2003-6-12 04：26	17.9	18.5	-0.6
21	2003-6-10 06：54	18.3	18.5	-0.2	46	2003-6-12 06：51	18.45	18.5	-0.05
22	2003-6-10 08：22	18.5	18.5	0	47	2003-6-12 08：55	19.15	18.5	0.65
23	2003-6-10 10：52	18.45	18.5	-0.05	48	2003-6-12 10：31	19.7	18.5	1.2
24	2003-6-10 12：11	17.7	18.5	-0.8	49	2003-6-12 12：33	18.7	18.5	0.2
25	2003-6-10 12：37	17.8	18.5	−0.7					

表 5-11　优化设定时精矿品位指标数据(%)

序号	时间	化验值	期望值	偏差	序号	时间	化验值	期望值	偏差
1	2003-12-22 14:21	48.1	47.5	0.6	26	2003-12-24 16:18	47.9	47.5	0.4
2	2003-12-22 16:02	47.8	47.5	0.3	27	2003-12-24 18:26	48.1	47.5	0.6
3	2003-12-22 18:47	47.9	47.5	0.4	28	2003-12-24 20:35	48.1	47.5	0.6
4	2003-12-22 20:51	47.85	47.5	0.35	29	2003-12-24 23:10	47.3	47.5	-0.2
5	2003-12-22 22:17	48	47.5	0.5	30	2003-12-25 00:26	47.25	47.5	-0.25
6	2003-12-23 00:18	48.2	47.5	0.7	31	2003-12-25 02:55	47.5	47.5	0
7	2003-12-23 02:58	47.9	47.5	0.4	32	2003-12-25 04:26	47.4	47.5	-0.1
8	2003-12-23 04:31	47.6	47.5	0.1	33	2003-12-25 06:26	48.05	47.5	0.55
9	2003-12-23 06:12	48.1	47.5	0.6	34	2003-12-25 08:50	47.65	47.5	0.15
10	2003-12-23 08:23	47.9	47.5	0.4	35	2003-12-25 10:50	47.3	47.5	-0.2
11	2003-12-23 10:49	47.6	47.5	0.1	36	2003-12-25 12:36	47.6	47.5	0.1
12	2003-12-23 12:20	47.6	47.5	0.1	37	2003-12-25 14:22	47.9	47.5	0.4
13	2003-12-23 14:33	47.5	47.5	0	38	2003-12-25 16:25	48.05	47.5	0.55
14	2003-12-23 16:21	47.2	47.5	-0.3	39	2003-12-25 18:38	48.1	47.5	0.6
15	2003-12-23 18:28	47.35	47.5	-0.15	40	2003-12-25 20:16	47.8	47.5	0.3
16	2003-12-23 20:18	47.9	47.5	0.4	41	2003-12-25 22:53	48.05	47.5	0.55
17	2003-12-23 22:26	47.7	47.5	0.2	42	2003-12-26 00:30	47.9	47.5	0.4
18	2003-12-24 00:58	47.5	47.5	0	43	2003-12-26 00:35	48.1	47.5	0.6
19	2003-12-24 02:34	47.5	47.5	0	44	2003-12-26 02:11	47.9	47.5	0.4
20	2003-12-24 04:32	48.5	47.5	1	45	2003-12-26 04:55	47.4	47.5	-0.1
21	2003-12-24 06:22	47.6	47.5	0.1	46	2003-12-26 06:18	48	47.5	0.5
22	2003-12-24 08:21	47.4	47.5	-0.1	47	2003-12-26 08:26	47.45	47.5	-0.05
23	2003-12-24 10:31	47.5	47.5	0	48	2003-12-26 10:43	47.6	47.5	0.1
24	2003-12-24 12:32	47.45	47.5	-0.05	49	2003-12-26 12:53	47.7	47.5	0.2
25	2003-12-24 14:31	47.75	47.5	0.25					

表 5-12　优化设定时尾矿品位指标数据(%)

序号	时间	化验值	期望值	偏差	序号	时间	化验值	期望值	偏差
1	2003-12-22 14:21	18.9	18.5	0.4	26	2003-12-24 16:18	18.3	18.5	-0.2
2	2003-12-22 16:02	16.7	18.5	-1.8	27	2003-12-24 18:26	18.05	18.5	-0.45
3	2003-12-22 18:47	18.6	18.5	0.1	28	2003-12-24 20:35	18.3	18.5	-0.2

表 5-12（续）

序号	时间	化验值	期望值	偏差	序号	时间	化验值	期望值	偏差
4	2003-12-22 20:51	18.2	18.5	-0.3	29	2003-12-24 23:10	17.8	18.5	-0.7
5	2003-12-22 22:17	18	18.5	-0.5	30	2003-12-25 00:26	18.35	18.5	-0.15
6	2003-12-23 00:18	17.7	18.5	-0.8	31	2003-12-25 02:55	17.6	18.5	-0.9
7	2003-12-23 02:58	17.15	18.5	-1.35	32	2003-12-25 04:26	18.3	18.5	-0.2
8	2003-12-23 04:31	18.6	18.5	0.1	33	2003-12-25 06:26	18.1	18.5	-0.4
9	2003-12-23 06:12	18.5	18.5	0	34	2003-12-25 08:50	18	18.5	-0.5
10	2003-12-23 08:23	17.2	18.5	-1.3	35	2003-12-25 10:50	18.5	18.5	0
11	2003-12-23 10:49	17.9	18.5	-0.6	36	2003-12-25 12:36	17.6	18.5	-0.9
12	2003-12-23 12:20	18.1	18.5	-0.4	37	2003-12-25 14:22	17.05	18.5	-1.45
13	2003-12-23 14:33	17.9	18.5	-0.6	38	2003-12-25 16:25	17.8	18.5	-0.7
14	2003-12-23 16:21	17.3	18.5	-1.2	39	2003-12-25 18:38	16.6	18.5	-1.9
15	2003-12-23 18:28	17.3	18.5	-1.2	40	2003-12-25 20:16	17.9	18.5	-0.6
16	2003-12-23 20:18	18.35	18.5	-0.15	41	2003-12-25 22:53	18.2	18.5	-0.3
17	2003-12-23 22:26	18.05	18.5	-0.45	42	2003-12-26 00:30	17.85	18.5	-0.65
18	2003-12-24 00:58	17.5	18.5	-1	43	2003-12-26 00:35	18.3	18.5	-0.2
19	2003-12-24 02:34	18.4	18.5	-0.1	44	2003-12-26 02:11	17.6	18.5	-0.9
20	2003-12-24 04:32	18.6	18.5	0.1	45	2003-12-26 04:55	16.8	18.5	-1.7
21	2003-12-24 06:22	17.2	18.5	-1.3	46	2003-12-26 06:18	17	18.5	-1.5
22	2003-12-24 08:21	17.1	18.5	-1.4	47	2003-12-26 08:26	18.05	18.5	-0.45
23	2003-12-24 10:31	17.5	18.5	-1	48	2003-12-26 10:43	18	18.5	-0.5
24	2003-12-24 12:32	16.6	18.5	-1.9	49	2003-12-26 12:53	18.7	18.5	0.2
25	2003-12-24 14:31	17.5	18.5	-1					

根据以上数据进行偏差分析，分析结果见表 5-13，可以看出采用优化控制方法后的品位分布情况要好于后者，精矿品位和尾矿品位基本能够控制在目标值范围内，且精矿品位波动较小，而尾矿品位基本上低于目标值。系统能够自动调整控制回路设定值以适应现场工况的变化。

表 5-13　品位指标偏差分析表(%)

项目	指标	平均值	最大值	最小值	标准方差值	极差
人工设定	精矿品位	47.649	49	46.55	0.664 6	2.45
	尾矿品位	18.519	19.9	17	0.662 4	2.9
优化设定	精矿品位	47.745	48.5	47.2	0.296 4	1.3
	尾矿品位	17.829	18.9	16.6	0.596 5	2.3

从 2003 年 2 月 24 日酒钢选矿厂生产过程自动控制系统全面投入生产试运行,到 6 月份生产过程自动控制系统基本实现单机设备、工艺参数的回路自动控制。进入 7 月份以后,各工序的优化设定软件的编制工作完成并投入生产过程之中进行实验调试。所以对于强磁选别智能优化控制系统应用效果的比较以上下半年来划分,统计相应的生产指标,见表 5-14。

表 5-14　2003 年季度及半年生产指标

指标\时间	一季度	二季度	三季度	四季度	上半年	下半年
强磁精矿量	219 459.637	250 218.271	263 267.971	275 986.940	469 677.908	539 254.911
入选粉矿量	480 999.104	530 942.726	544 597.896	553 599.815	1 011 941.830	1 098 197.711
入磨品位	31.191	31.451	31.779	32.757	31.328	32.272
强精品位	47.148	46.971	47.047	47.346	47.054	47.200
强尾品位	17.690	17.571	17.415	18.195	17.628	17.802
实际金属回收率	68.967	70.380	71.569	72.056	69.712	71.817
理论金属回收率	69.278	70.512	71.763	72.203	69.628	71.989
实际选矿比	2.192	2.122	2.069	2.006	2.155	2.037
理论选矿比	2.182	2.118	2.063	2.002	2.148	2.032

强磁选过程智能控制系统具有过程监控层和过程控制层两层结构,采用常规控制方法和智能控制方法相结合,建模与控制相集成,通过对强磁选机的漂洗水流量、励磁电流、给矿浓度的优化设定及其相应的回路控制,实现精矿品位、尾矿品位的优化控制,保证精矿品位、尾矿品位的实际值处于其目标值范围内。强磁选生产过程生产操作稳定,减少铁精矿产品的废疵,提高了产品质量,减轻了工人的劳动强度,提高了劳动生产率,实现了优化控制、优化运行和优化管理。

磁选过程智能优化控制系统试生产的 2003 年下半年,强磁精矿品位累计为 47.20%,金属回收率累计为 71.817%,比上半年精矿品位提高 0.145%(47.20

—47.054），金属回收率提高 2.105％（71.817－69.712）。在优化控制系统各种参数运行稳定的 12 月份，强磁精矿品位为 47.70％，金属回收率为 71.290％，比上半年精矿品位提高 0.646％（47.70－47.054），金属回收率提高 1.578％（71.290－69.712）。经过长期运行结果显示，强磁精矿品位提高 0.47％，尾矿品位降低 0.87％，剔除选矿技术改造和生产组织方式变化等各种影响因素，综合铁精矿品位提高 0.57 个百分点，金属回收率从 77.24％提高到 79.25％，提高了 2.01％，设备运转率提高 2.98％。设备运转率及品位指标的提高为选矿厂综合自动化系统的成功实施奠定了基础。

2004 年 8 月 22 日，教育部于甘肃省嘉峪关市酒钢（集团）公司组织并主持召开了由东北大学与酒钢集团公司联合完成的《大型选矿生产过程全流程综合自动化系统》项目鉴定会，鉴定委员会得出结论认为："该项目研发的竖炉焙烧过程、磨矿过程、选别过程智能优化控制系统及矿石布料过程智能控制系统，成功地解决了选矿过程中具有多变量强耦合、强非线性、优化指标难以用解析形式表示、关键工艺参数难以在线测量、生产边界条件变化频繁、工况变化大等综合复杂、难以实现优化控制的难题。研制的系统运行可靠、功能齐全，具有很强的自适应能力。通过选矿生产过程的优化控制、优化运行和优化管理，显著提高了铁精矿品位和金属回收率等综合生产指标，提高了生产效率，降低了生产成本，减少了能源消耗，改善了选矿生产的工作环境，减少了环境污染，取得了显著的经济效益和社会效益"。

5.5　本章小结

本章介绍了由过程监控层和过程控制层两层结构组成的磁选生产过程智能优化控制系统的工程应用情况。本系统在选矿厂磁选工序的成功应用表明，可以实现磁选生产过程的自动控制、优化运行和优化管理，以及强磁选过程的优化控制，能够将精矿品位、尾矿品位控制在目标值范围内，提高了精矿品位、降低了尾矿品位，从而使综合铁精矿品位和金属回收率都得到了提高，提高了生产效率、降低了生产成本，保证了生产的稳定性，降低了工人的劳动强度，改善了操作环境，减少了资源消耗和操作人员，提高了设备运转率。将磁选过程智能优化控制系统应用于该选矿厂磁选工序过程三年多来，取得了显著的成效，为选矿厂综合自动化系统[145]的成功实施奠定了基础。

参 考 文 献

[1] 谢广元.选矿学[M].徐州:中国矿业大学出版社,2001.

[2] 幸伟中.磁选分种理论与实践[M],北京:冶金工业出版社,1994.

[3] 唐培军.酒钢焙烧磁选 28 年[J].金属矿山,2000,11 增刊:17-21.

[4] 孙忠信,郭效东,杨健平.酒钢强磁选 20 年发展回顾[J].甘肃冶金,1999,21 (4):23-26.

[5] 傅景海.选矿过程控制和自动化的发展与策略[J].新疆有色金属,1994,17 (3):20-23.

[6] KONIGSMANN K,FLINTOFF B C. Information technologyin mineral processing, smelting and refining [C]// Proceedings of A Workshop for Senior Executives,Session on Plant Automation,Ottawa,1990:87-88.

[7] D·G·赫尔伯特,王庆凯,李长根.选矿过程的建模、控制和仿真[J].国外金属矿选矿,2004,41(3):27-33.

[8] HULBERT D G. Review papers on automation in mineral and metal processing[J].Control Engineering Practice,2001,9(9):973.

[9] KATTENTIDT H U R,DE JONG T P R,DALMIJN W L. Multi-sensor identification and sorting of bulk solids[J].Control Engineering Practice, 2003,11(1):41-47.

[10] HODOUIN D,JÄMSÄ-JOUNELA S L,CARVALHO M T,et al. State of the art and challenges in mineral processing control[J].Control Engineering Practice,2001,9(9):995-1005.

[11] WHITEN W J. A matrix theory of comminution machines[J].Chemical Engineering Science,1974,29(2):589-599.

[12] PLITT L. Cyclone modelling:a review of present technology [J],CIM Bulletin, 1987, 80(905): 39-50.

[13] 陈炳辰.磨矿原理[M].北京:冶金工业出版社,1989.

[14] MORRELL S,MAN Y T. Using modelling and simulation for the design of full scale ball mill circuits[J].Minerals Engineering,1997,10(12):

1311-1327.

[15] BOULVIN M,WOUWER A V,LEPORE R,et al. Modeling and control of cement grinding processes[J]. IEEE Transactions on Control Systems Technology,2003,11(5):715-725.

[16] HERBST J A,FUERSTENAU D W. Scale-up procedure for continuous grinding mill design using population balance models[J]. International Journal of Mineral Processing,1980,7(1):1-31.

[17] 盖国胜. 球磨机相似准数模型[C]. 1991，第3届选矿电算化会议,苏州.

[18] MATHE Z T,HARRIS M C,O'CONNOR C T,et al. Review of froth modelling in steady state flotation systems[J]. Minerals Engineering,1998,11(5):397-421.

[19] SMITH P G,WARREN L J. Entrainment of particles into flotation froths [J]. Mineral Processing and Extractive Metallurgy Review,1989,5(1/2/3/4):123-145.

[20] MOOLMAN D W,ALDRICH C,VAN DEVENTER J S J,et al. The classification of froth structures in a copper flotation plant by means of a neural net[J]. International Journal of Mineral Processing,1995,43(3/4):193-208.

[21] MOOLMAN D W,ALDRICH C,VAN DEVENTER J S J,et al. The interpretation of flotation froth surfaces by using digital image analysis and neural networks [J]. Chemical Engineering Science, 1995, 50 (22):3501-3513.

[22] 向发柱,何桂春,何平波. 磁选数学模型研究概况及展望[J]. 中国钨业,1998,13(1):15-21.

[23] TUCKER P. Modelling wet high intensity magnetic separation:a case study[J]. Minerals Engineering,1994,7(10):1281-1300.

[24] P. TUCKER, S. NEWTON. Development and validation of computer model for wet high-intensity magnetic separation [J]. Trans Inst Min. Metall Sect C, 1992, 101:121-126.

[25] P PARSONAGE, B SC, B A , et al. Extension of range and sensitivity of laboratory isodynamic magnetic separator to fine sizes [J], Trans Inst Min. Metall Sect C, 1979, 88:182-186.

[26] 向发柱. 高梯度磁选数学模型及计算机模拟的研究（Ⅰ）[J]. 广东有色金属学报,2000(1):1-6.

[27] 向发柱.高梯度磁选数学模型及计算机模拟的研究（Ⅰ）[J].广东有色金属学报,2000(1):1-6.

[28] FLAMENT F，DESBIENTS A，DEL VILLAR R. Distributed control at Kidd Creek grinding plant. Part 1：Control strategy design [J]. CIM Bulletin，1997，90(1008)：139-144.

[29] FLAMENT F，DESBIENTS A，DEL VILLAR R. Distributed control at Kidd Creek grinding plant. Part 2：Implementation [J]. CIM Bulletin，1997，90(1008):145-150.

[30] DUARTE M,SEPÚLVEDA F,CASTILLO A，et al. A comparative experimental study of five multivariable control strategies applied to a grinding plant[J]. Powder Technology,1999,104(1):1-28.

[31] EREN H,FUNG C C,WONG K W. An application of artificial neural network for prediction of densities and particle size distributions in mineral processing industry [C]//IEEE Instrumentation and Measurement Technology Conference Sensing,Processing,Networking. IMTC Proceedings. May 19-21,1997,Ottawa,ON,Canada. IEEE,1997:1118-1121.

[32] BERGH L G,YIANATOS J B. Flotation column automation：state of the art[J]. Control Engineering Practice,2003,11(1):67-72.

[33] YI ZU JIA. Reagent Practice of the Automatic Control of the Flotation Reagents in Fenghuangshan Copper Mine [J]，Metal Mine . 1999，（4）：47-55.

[34] JÄMSÄ-JOUNELA S L,DIETRICH M,HALMEVAARA K,et al. Control of pulp levels in flotation cells[J]. Control Engineering Practice,2003,11(1):73-81.

[35] CANCILLA P A,BARRETTE P,ROSENBLUM F. On-line moisture determination of ore concentrates 'a review of traditional methods and introduction of a novel solution'[J]. Molecular and Cellular Probes,2002,16(6):393-408.

[36] GARDUNO-RAMIREZ R,LEE K Y. Supervisory multiobjective optimization of a class of unit processes：power unit case study[C]//Proceedings of the 2001 American Control Conference. (Cat. No. 01CH37148). June 25-27,2001,Arlington,VA,USA. IEEE,2001:1497-1502.

[37] TIANYOU CHAI，JINLIANG DING. Integrated Automation System for hematite ores processing and its application [J]. Measurement and

Control，2006，39(5)：140-146.

[38] MESAROVIC M D，MACKO D，TAKAHARA Y. Theory of Hierarchical Multilevel Systems [M]. New York：Academic Press，1970.

[39] CUTLER C R，PERRY R T. Real time optimization with multivariable control is required to maximize profits[J]. Computers & Chemical Engineering，1983，7(5)：663-667.

[40] ENGELL S. Feedback control for optimal process operation[J]. Journal of Process Control，2007，17(3)：203-219.

[41] RAMIREZ F W. Process Control and Identification [M]. New York：Academic Press，1994.

[42] PRETT D，GARCIA C. Fundamental process control [M]. Stonelam，MA：Butterworth Publisher，1988.

[43] ENGELL S. Feedback control for optimal process operation[J]. Journal of Process Control，2007，17(3)：203-219.

[44] SKOGESTAD S. Plantwide control：the search for the self-optimizing control structure[J]. Journal of Process Control，2000，10(5)：487-507.

[45] NATH R，ALZEIN Z. On-line dynamic optimization of olefins plants[J]. Computers & Chemical Engineering，2000，24(2/3/4/5/6/7)：533-538.

[46] ROLANDI P A，ROMAGNOLI J A. A framework for on-line full optimising control of chemical processes[J]. Computer Aided Chemical Engineering，2005，20：1315-1320.

[47] BEAUMONT J R，FINDEISEN W，BAILEY F N，et al. Control and coordination in hierarchical systems[J]. The Journal of the Operational Research Society，1981，32(4)：328.

[48] 万百五. 大系统理论研究中的波兰 Findeisen 学派[J]. 自动化学报，1984，10(2)：173-181.

[49] MORARI M，STEPHANOPOULOS G，ARKUN Y. Studies in the synthesis of control structures for chemical processes：Part I [J]，AIChE Journal，1980，26(2)：220 - 232.

[50] SKOGESTAD S. Plantwide control：the search for the self-optimizing control structure[J]. Journal of Process Control，2000，10(5)：487-507.

[51] SKOGESTAD S. Self-optimizing control：the missing link between steady-state optimization and control[J]. Computers & Chemical Engineering，2000，24(2/3/4/5/6/7)：569-575.

[52] KASSIDAS A,PATRY J,MARLIN T. Integrating process and controller models for the design of self-optimizing control[J]. Computers & Chemical Engineering,2000,24(12):2589-2602.

[53] CIM REFERENCE MODEL COMMITTEE, PURDUE UNIVERSITY. A reference model for computer integrated manufacturing from the viewpoint of industrial automation[J]. International Journal of Computer Integrated Manufacturing,1989,2(2):114-127.

[54] 黄道,蒋慰孙. 合成氨系统优化的一类新方法[J]. 华东化工学院学报,1987,13(4):491-499.

[55] DE ARAÚJO A C B,GOVATSMARK M,SKOGESTAD S. Application of plantwide control to the HDA process. I-steady-state optimization and self-optimizing control[J]. Control Engineering Practice,2007,15(10):1222-1237.

[56] JENSEN J B,SKOGESTAD S. Optimal operation of simple refrigeration cycles:Part I:Degrees of freedom and optimality of sub-cooling[J]. Computers & Chemical Engineering,2007,31(5/6):712-721.

[57] JENSEN J B,SKOGESTAD S. Optimal operation of simple refrigeration cycles[J]. Computers & Chemical Engineering,2007,31(12):1590-1601.

[58] SKOGESTAD S. Control structure design for complete chemical plants [J]. Computers & Chemical Engineering,2004,28(1/2):219-234.

[59] HALVORSEN I J,SKOGESTAD S. Optimal operation of Petlyuk distillation:steady-state behavior[J]. Journal of Process Control,1999,9(5):407-424.

[60] MARLIN T E, HRYMAK A N. Real-time Operations Optimization of Continuous Processes [C]// Proceedings of CPC V, AIChE Symposium Series, 1997, 316: 156-164.

[61] TOSUKHOWONG T,LEE J M,LEE J H,et al. An introduction to a dynamic plant-wide optimization strategy for an integrated plant[J]. Computers & Chemical Engineering,2004,29(1):199-208.

[62] SEQUEIRA S E,GRAELLS M,PUIGJANER L. Real-time evolution for on-line optimization of continuous processes[J]. Industrial & Engineering Chemistry Research,2002,41(7):1815-1825.

[63] BASAK K,ABHILASH K S,GANGULY S,et al. On-line optimization of a crude distillation unit with constraints on product properties[J]. Indus-

trial & Engineering Chemistry Research,2002,41(6):1557-1568.

[64] SHAMMA J S,ATHANS M. Gain scheduling:potential hazards and possible remedies [J]. IEEE Control Systems Magazine, 1992, 12 (3): 101-107.

[65] LAWRENCE D A,RUGH W J. Gain scheduling dynamic linear controllers for a nonlinear plant[J]. Automatica,1995,31(3):381-390.

[66] MORSHEDI A M,CUTLER C R,SKROVANEK T A. Optimal solution of dynamic matrix control with linear programing techniques (LDMC) [C]//1985 American Control Conference. June 19-21,1985,Boston,MA, USA. IEEE,1985:199-208.

[67] YOUSFI C,TOURNIER R. Steady state optimization inside model predictive control[C]//1991 American Control Conference. June 26-28,1991, Boston,MA,USA. IEEE,1991:1866-1870.

[68] MUSKE K R. Steady-state target optimization in linear model predictive control[C]//Proceedings of the 1997 American Control Conference (Cat. No. 97CH36041). June 6-6, 1997, Albuquerque, NM, USA. IEEE, 1997: 3597-3601.

[69] R C SORENSEN, C R CUTLER. LP integrates economics into dynamic matrix control [J]. Hydrocarbon Process, 1998, 9: 57-65.

[70] NATH R,ALZEIN Z. On-line dynamic optimization of olefins plants[J]. Computers & Chemical Engineering,2000,24(2/3/4/5/6/7):533-538.

[71] YING C M,JOSEPH B. Performance and stability analysis of LP-MPC and QP-MPC cascade control systems[J]. AIChE Journal,1999,45(7): 1521-1534.

[72] RAMASAMY M,NARAYANAN S S,RAO C D P. Control of ball mill grinding circuit using model predictive control scheme[J]. Journal of Process Control,2005,15(3):273-283.

[73] DE WOLF S,CUYPERS R L E,ZULLO L C,et al. Model predictive control of a slurry polymerisation reactor[J]. Computers & Chemical Engineering,1996,20:S955-S961.

[74] ZANIN A C,TVRZSKÁ DE GOUVÊA M,ODLOAK D. Integrating real-time optimization into the model predictive controller of the FCC system [J]. Control Engineering Practice,2002,10(8):819-831.

[75] ZANIN A C,DE GOUVÊA M T,ODLOAK D. Industrial implementation of a real-time optimization strategy for maximizing production of LPG in

a FCC unit[J]. Computers & Chemical Engineering,2000,24(2/3/4/5/6/7):525-531.

[76] QIN S J,BADGWELL T A. A survey of industrial model predictive control technology[J]. Control Engineering Practice,2003,11(7):733-764.

[77] FOSS B A,SCHEI T S. Putting nonlinear model predictive control into use[C]//Assessment and Future Directions of Nonlinear Model Predictive Control. Berlin,Heidelberg:Springer Berlin Heidelberg,:407-417.

[78] BARTUSIAK R D. NLMPC:A platform for optimal control of feed- or product-flexible manufacturing[C]//Assessment and Future Directions of Nonlinear Model Predictive Control. Berlin,Heidelberg:Springer Berlin Heidelberg,:367-381.

[79] NAIDOO K,GUIVER J,TURNER P,et al. Experiences with nonlinear MPC in polymer manufacturing[C]//Assessment and Future Directions of Nonlinear Model Predictive Control. Berlin,Heidelberg:Springer Berlin Heidelberg,:383-398.

[80] SINGH A,FORBES J F,VERMEER P J,et al. Model-based real-time optimization of automotive gasoline blending operations[J]. Journal of Process Control,2000,10(1):43-58.

[81] SENTONI G B,BIEGLER L T,GUIVER J B,et al. State-space nonlinear process modeling:Identification and universality[J]. AIChE Journal,1998,44(10):2229-2239.

[82] MARTIN G D,BOE E,PICHE S,et al. Method and apparatus for modeling dynamic and steady-state processes for prediction,control and optimization:US6738677[P]. 2004-05-18.

[83] PICHE S,SAYYAR-RODSARI B,JOHNSON D,et al. Nonlinear model predictive control using neural networks[J]. IEEE Control Systems Magazine,2000,20(3):53-62.

[84] Martin G,Johnston D. Continuous model-based optimization[C]//Hydrocarbon processing's process optimization conference, Houston, TX, 1998.

[85] 褚健,王朝辉,苏宏业. 先进控制技术及其产业化[J]. 测控技术,2000,19(8):1-3.

[86] 薛美盛,吴刚,孙德敏,等. 工业过程的先进控制[J]. 化工自动化及仪表,2002,29(2):1-9.

[87] Shuiqing Li, Jingtao Huang, Yong Chi, et al. Optimization on two-stage incineration of municipal solid waste in rotary kiln system[C]//Proc. of International Conference on Power Engineering, 2001, 10, Xi'an, China.

[88] C E S COSTA, F B FREIRE, N A CORREA, et al. Two-layer real-time optimization of the drying of pastes in a spouted bed: experimental implementation [C]// 16th IFAC World Congress, Prague, 2005.

[89] NIEMI A J, TIAN L, YLINEN R. Model predictive control for grinding systems[J]. Control Engineering Practice,1997,5(2):271-278.

[90] MUÑOZ C, CIPRIANO A. An integrated system for supervision and economic optimal control of mineral processing plants[J]. Minerals Engineering,1999,12(6):627-643.

[91] BUSCH J, SANTOS M, OLDENBURG J, et al. A framework for the mixed integer dynamic optimisation of waste water treatment plants using scenario-dependent optimal control[C]//Computer Aided Chemical Engineering,Amsterdam:Elsevier,2005:955-960.

[92] LI H X,GUAN S P. Hybrid intelligent control strategy. Supervising a DCS-controlled batch process[J]. IEEE Control Systems Magazine,2001, 21(3):36-48.

[93] WANG Z J,WU Q D,CHAI T Y. Optimal-setting control for complicated industrial processes and its application study[J]. Control Engineering Practice,2004,12(1):65-74.

[94] CHAI T Y,TAN M H,CHEN X Y,et al. Intelligent optimization control for laminar cooling[J]. IFAC Proceedings Volumes,2002,35(1):79-84.

[95] WANG W,LI H X,ZHANG J T. A hybrid approach for supervisory control of furnace temperature[J]. Control Engineering Practice, 2003, 11 (11):1325-1334.

[96] YE N,PARMAR D,BORROR C M. A hybrid SPC method with the Chi-square distance monitoring procedure for large-scale,complex process data[J]. Quality and Reliability Engineering International,2006,22(4): 393-402.

[97] 王焱,孙一康.基于板厚板形综合目标函数的冷连轧机轧制参数智能优化新方法[J].冶金自动化,2002,26(3):11-14.

[98] 张卫华,梅炽,胡志坤,等.铜转炉优化操作智能决策支持系统的研究及应

用[J].冶金自动化,2003,27(4):27-29.

[99] RAM A,ARKIN R C,MOORMAN K,et al. Case-based reactive naviga-tion:a method for on-line selection and adaptation of reactive robotic con-trol parameters[J]. IEEE Transactions on Systems,Man,and Cybernetics Part B,Cybernetics,1997,27(3):376-394.

[100] CHAI T Y,WU F H,DING J L,et al. Intelligent work-situation fault di-agnosis and fault-tolerant system for the shaft-furnace roasting process [J]. Proceedings of the Institution of Mechanical Engineers,Part I:Jour-nal of Systems and Control Engineering,2007,221(6):843-855.

[101] 谭明皓,柴天佑.基于案例推理的层流冷却过程建模[J].控制理论与应

[102] PIAN J X,CHAI T Y,WANG H,et al. Hybrid intelligent forecasting method of the laminar cooling process for hot strip[J]. 2007 American Control Conference,2007:4866-4871.

[103] YANG B S,HAN T,KIM Y S. Integration of ART-Kohonen neural net-work and case-based reasoning for intelligent fault diagnosis[J]. Expert Systems With Applications,2004,26(3):387-395.

[104] CHAI T Y,WU F H,DING J L,et al. Intelligent work-situation fault di-agnosis and fault-tolerant system for the shaft-furnace roasting process [J]. Proceedings of the Institution of Mechanical Engineers,Part I:Jour-nal of Systems and Control Engineering,2007,221(6):843-855.

[105] GARDUNO-RAMIREZ R,LEE K Y. Supervisory multiobjective optimi-zation of a class of unit processes:power unit case study[C]//Proceed-ings of the 2001 American Control Conference. (Cat. No. 01CH37148). June 25-27,2001,Arlington,VA,USA. IEEE,2001:1497-1502.

[106] SUN J S,WANG P C,WU J H. Case-based expert controller for com-bustion control of blast furnace stoves[C]//2007 IEEE International Conference on Control and Automation. May 30 - June 1,2007,Guang-zhou,China. IEEE,2007:3029-3033.

[107] WAGNER W P,OTTO J,CHUNG Q B. Knowledge acquisition for ex-pert systems in accounting and financial problem domains[J]. Knowl-edge-Based Systems,2002,15(8):439-447.

[108] WATSON I, MARIR F. Case-based reasoning: A review [J]. Knowl-edge Engineering Review, 1994, 9 (4): 355-381.

[109] RIESBECK C K,SCHANK R C. Inside case-based reasoning[M]. New

York：Psychology Press，2013.

[110] KOLODNER J L. An introduction to case-based reasoning[J]. Artificial Intelligence Review，1992，6(1)：3-34.

[111] KOLODNER J. Case-Based Reasoning [M]. Morgan Kaufmann. 1993.

[112] Leake，D. B. (Ed.).. Case-based reasoning：Experiences，lessons，& future directions[J]. Computers & Mathematics With Applications，1997，33(4)：128.

[113] KRIEGSMAN M，BARLETTA R. Building a case-based help desk application[J]. IEEE Expert，1993，8(6)：18-26.

[114] AAMODT A，PLAZA E. Case-based reasoning：foundational issues，methodological variations，and system approaches[J]. AI Communications，1994，7(1)：39-59.

[115] SIMOUDIS E，MENDALL A，MILLER P. Automated support for developing retrieve-and-propose systems[C]//Optical Engineering and Photonics in Aerospace Sensing. Proc SPIE 1963，Applications of Artificial Intelligence 1993：Knowledge-Based Systems in Aerospace and Industry，Orlando，FL，USA. 1993，1963：285-292.

[116] BIRNBAUM L，COLLINGS G. Remindings and Engineering Design Themes：A Case Study in Indexing Vocabulary [C]//the Second Workshop on Base-Based Reasoning，Pensacola Beach，FL. 1989.

[117] HAMMOND K J. Explaining and repairing plans that fail[J]. Artificial Intelligence，1990，45(1/2)：173-228.

[118] 杨炳儒. 知识工程与知识发现[M]. 北京：冶金工业出版社，2000.

[119] 史忠植. 知识发现[M]. 北京：清华大学出版社，2002.

[120] 耿焕同，钱权，蔡庆生. 基于聚类策略的一种范例删除模型[J]. 计算机科学，2003，30(4)：143-144.

[121] LIN D T. Facial Expression Classification using PCA and Hierarchical Radial Basis Function Network [J]. Journal of Information Science and Engineering，2006，22(5)：1033-1046.

[122] BRANTING K. Exploiting the complementarity of rules and precedents with reciprocity and fairness [C]// the Case-Bases Reasoning Workshop 1991，Washington，DC，May 1991. Sponsored by DARPA. Morgan Kaufmann.

[123] CHIU S L. Fuzzy model identification based on cluster estimation[J].

Journal of Intelligent and Fuzzy Systems,1994,2(3):267-278.

[124] 段洪君,史小平.基于反馈补偿的扑翼微型飞行器姿态跟踪控制[J].哈尔滨工程大学学报,2007,28(2):169-172.

[125] LIAO T L,CHIEN T I. An exponentially stable adaptive friction compensator[J]. IEEE Transactions on Automatic Control,2000,45(5):977-980.

[126] VEDAGARBHA P,DAWSON D M,FEEMSTER M. Tracking control of mechanical systems in the presence of nonlinear dynamic friction effects[J]. IEEE Transactions on Control Systems Technology,1999,7(4):446-456.

[127] 段慧达,刘德君,周振雄,等.模糊自适应PID反馈补偿控制在轧钢控制系统中的应用[J].电气传动,2007,37(4):41-43.

[128] WAGNER W P,OTTO J,CHUNG Q B. Knowledge acquisition for expert systems in accounting and financial problem domains[J]. Knowledge-Based Systems,2002,15(8):439-447.

[129] R HOFFMAN. The problem of extracting the knowledge of experts from the perspective of experimental psychology [J]. AIMagazine,1987,8(2):53-67.

[130] M WELBANK. Knowledge Acquisition:A Surveyand British Telecom Experience,Proceedings of the First European Workshop on Knowledge Acquisition for Knowledge-Based Systems [R]. ReadingUniversity,UK,1987,C6.1-C6.9.

[131] JOHNSON L,JOHNSON N E. Knowledge elicitation involving teachback interviewing[C]//Knowledge Acquisition for Expert Systems. Boston,MA:Springer US,1987:91-108.

[132] SHIU S C K,LIU J N K,YEUNG D S. Formal description and verification of Hybrid Rule/Frame-based Expert Systems[J]. Expert Systems With Applications,1997,13(3):215-230.

[133] WU M,NAKANO M,SHE J H. A model-based expert control system for the leaching process in zinc hydrometallurgy[J]. Expert Systems With Applications,1999,16(2):135-143.

[134] ASTROM K J , HAGGLUND T. PID Controllers:Theory,Design,and Tuning,2nd Edition[C]// Research Triangle Park, North Carolina:Instrument Society of America,1995.

[135] ZIEGLER J G,NICHOLS N B. Optimum settings for automatic controllers[J]. Journal of Dynamic Systems,Measurement,and Control,1993,115(2B):220-222.

[136] ÅSTRÖM K J,HÄGGLUND T. Automatic tuning of simple regulators with specifications on phase and amplitude margins[J]. Automatica,1984,20(5):645-651.

[137] GARCIA C E,MORARI M. Internal model control. A unifying review and some new results[J]. Industrial & Engineering Chemistry Process Design and Development,1982,21(2):308-323.

[138] 欧洲钢铁工业联盟著,韩静涛译. 欧洲钢铁工业技术发展指南[R]. 北京:中国金属学会,1999.

[139] WILLIAMS T J. A reference model for computer integrated manufacturing from the viewpoint of industrial automation[J]. IFAC Proceedings Volumes,1990,23(8):281-291.

[140] HOUSEMAN L A,SCHUBERT J H,HART J R,et al. PlantStar 2000: a plant-wide control platform for minerals processing[J]. Minerals Engineering,2001,14(6):593-600.

[141] 柴天佑,李小平,周晓杰,等.基于三层结构的金矿企业现代集成制造系统[J].控制工程,2003,10(1):18-22.

[142] 赵刚,余驰斌,陈汉,等.棒材连轧计算机操作指导系统的开发[J].钢铁,2000,35(3):30-33.

[143] KIM Y I,MOON K C,KANG B S,et al. Application of neural network to the supervisory control of a reheating furnace in the steel industry[J]. Control Engineering Practice,1998,6(8):1009-1014.

[144] 阳春华,沈德耀,吴敏,等.焦炉配煤专家系统的定性定量综合设计方法[J].自动化学报,2000,26(2):226-232.

[145] CHAI T Y,DING J L,ZHAO D Y,et al. Integrated automation system of minerals processing and its applications[J]. IFAC Proceedings Volumes,2005,38(1):133-138.